SDV革命

ソフトウェア定義車両

Software Defined Vehicle

次世代自動車のロードマップ2040

編
PwC Japanグループ
SDVイニシアチブ

日経BP

SDV革命

次世代自動車のロードマップ2040

はじめに

「この中で、SDV（Software Defined Vehicle、ソフトウェア定義車両）に乗ったことがある人？」――。

2024年に著者が登壇するイベントで、こういった質問を300人ほどの会場へ投げかけてみたところ、手が挙がった人は数人程度だった。それも少し悩みながら手が挙がった格好だ。この質問の前に、「BEV（Battery Electric Vehicle、バッテリー式電気自動車）に乗ったことがある人？」「自動運転車に乗ったことがある人？」と問いかけた時は、数十人の手がさっと挙がった。これらの質問の狙いは、SDVはBEVや自動運転車のように現時点においては明確な定義がなされておらず、人によって「何がSDVか」が異なることを体感してもらうことにあった。事実、本書を手に取っている読者の方々も「先進的なBEV」「大きなディスプレイがある車」「ソフトウェアアップデートができる車」「スマートフォン（スマホ）アプリで操作できる車」など、様々なものを想像されるのではないだろうか。

2024年に入り、SDVという言葉は専門用語ではなく新聞や各種一般メディアで取り上げられるような「誰もが聞いたことはある」言葉になってきたと考える。一方で「SDVとは何か」「これまでの自動車と何が違うのか」については、何となくしか捉えられていないのが実情だろう。

著者らが所属するPwC Japanグループ（以下、PwC Japan）の各法人においても、昨今SDVに関連する問い合わせを多く受けるように

なった。その中には「SDV はこれまでの自動車と何が違うのか？」「SDV に対して何をすればよいのか？」「SDV は結局のところ儲かるのか？」といったものが多くを占める。これらの問いに対し、一言で答えを出してご納得いただけることは極めて困難であると考える。なぜならば、これは各社が置かれる状況や自動車との関わり方、社会における位置付けによって大きく異なるからである。

これまで自動車におけるご相談と言えば、自動車 OEM（自動車メーカー）や関連するサプライヤー各社がその多くを占めていたが、昨今では IT ベンダー、半導体メーカー、商社、リース会社、保険会社、銀行、官公庁など多様な企業・組織の方々から問い合わせをいただくようになった。PwC Japan は、業種軸およびサービス軸のそれぞれで専門家を擁し、各方面からの問い合わせにはその道の専門家が対応できるようになっているが、SDV という広域アジェンダに対しては各軸で個別対応するには限界がある。

そこで、PwC Japan 横断で SDV に関するバーチャル組織「SDV イニシアチブ」を 2024 年 8 月に創設し、SDV に関する問い合わせに対してグループ横断で対応できる仕組みを構築した。ある事例では、自動車 R&D、戦略、新規事業、スマートモビリティ専門の混合チームでプロジェクトチームを組成し、クライアントを多角的に支援している。また、PwC グローバルネットワークの拠点であるドイツや中国などとも連携し意見交換することで、海外の SDV に関する技術動向や法規動向などについても把握している。

本書の第 1 章で触れるが、私たちは、SDV を「ソフトウェアを基軸にモビリティの内と外をつなぎ、機能を更新し続けることで、ユーザーに新たな価値および体験を提供し続けるための基盤（エコシステム）」と定義し、SDV は Vehicle（自動車）のみならず、それを取り巻く基盤やサービス、ひいてはユーザーへの提供価値の全てを包含したものと捉えることにした。ここで重要となるのは「SDV をつくること」を目的にするのではなく、「SDV という“手段”を通じて提供できるユーザーや社会への価値は何かを考えること」である。その手段を正しく理解するために、SDV を 10 大アジェンダとして 10 レイヤーに分解した。また SDV といっても一言では定義できないため、レベル 0〜レベル 5 の 6 段階として「SDV レベル」を定義した。第 2 章以降では、SDV の 10 大アジェンダを SDV レベルに沿って詳細に解説している。

　このように、本書は SDV をレベル分解、構造分解することで、「ふわっとつかみどころのないもの」から「つかみどころのあるアジェンダ」に昇華している。各章も、PwC Japan の SDV イニシアチブに所属する各専門家がそれぞれ執筆しており、PwC Japan の総力を挙げた内容となっている。

　日進月歩で技術が進化し、社会情勢や地政学リスクの変化が激しく、ユーザーの嗜好も常に変わり続ける中で、SDV に対して明確な目指す姿や答えを出すことは極めて困難である。ただし、困難ではあるが決して太刀打ちできない相手ではなく、相手を正しく理解

し、自社が置かれる状況を把握することで、今後の目指すべき方向を見極めることができるのではないかと考える。

　本書が「SDV とは何か」「今後何をすればよいか」を各社で考えていただくための一助となり、ひいては日本の SDV における競争力強化に微力ながらもお役立ちできることを切に願う。

SDV イニシアチブ 一同

SDVレベル

レベル 5
Software Defined Ecosystem
ソフトウェア定義エコシステム

レベル 4
Full Software Defined Vehicle
完全ソフトウェア定義車両

レベル 3
Partial Software Defined Vehicle
部分ソフトウェア定義車両

レベル 2
Software Controlled Vehicle
ソフトウェア制御車両

UX　　　収益構造　　　アプリ／サービス販売　　　クライン

自動運転による運転からの解放に伴う移動価値から空間・時間価値への変革

高度自動運転化

アプリ/サービスのサードパーティ・個人の参画による販売の多様化、データ・広告収益によるサービスの無償化拡大

New SQL

モビリテ
常時シーム
AI進化・処理
サービスの

Data Mesh

サービス志向

プローブデータの量的拡大およびAI進化に伴うデータ利活用の加速

水平分業・連携

クラウドネイティブ

継続的なソフトウェアアップデートやアプリ/サービス提供を通じたビジネス構造変革

V2X

セントラル化

高速通信技術

HPC

分散からドメインへアーキテクチャが進化

OTA

オブザーバビリティ

ALM

API、
による

アジャイル

ビークル

コネクテッド普及に伴い、In-Car / Out-Carネットワークが確立

マネジ

コネクティビティ進化やアーキテクチャ変化に伴う脆弱性の高度化・多様化

微細化

2020　　　2025

SDVロードマップ2040

ユーザーに新たな価値および体験を提供し続ける基盤（エコシステム）を構築

凡例： **キードライバー** 実現手段

ウド
フラ

コネク
ティビティ

ィ内・外との
レス接続および
性能向上による
常時最適化

E/E
アーキテクチャ

セントラル化・ゾーン
アーキテクチャおよびハードウェア
のプラグアンドプレイ化による
ハードウェアアップデートの容易化

ソフトウェア
開発

データ利活用による
市場要求の半自動的な反映かつ
高速なソフトウェア開発

ソフトウェア
構造

ハード・ソフトウェア
ディカップリングによる
開発シフトレフト

生成 AI
人材確保

E2E AI

サイバー
セキュリティ

OS標準化
開発効率化

標準 API

セーフティとセキュリティの
より高度な連携およびSDVエコ
システム全体の常時監視による
セキュリティ担保

コンテナ技術

OS

SBOM 高度活用

メントシステム構築

半導体

半導体微細化
およびSoC設計、
製造技術高度化

省消費電力

標準化

頭脳系半導体の
モビリティ外への移行

チップレット技術 **AI チップ**

2030   2035   2040〜

目次

はじめに ———————————————————————————— 2

SDV ロードマップ 2040 ———————————————————— 6

第1章　SDV の正体 ————————————————————— 15

1-1　モビリティ業界の潮流 ———————————————— 16

1-1-1　GX と DX の 2 軸による産業構造の変化 —————— 16

1-1-2　社会課題への挑戦 ————————————————— 20

1-1-3　顧客ニーズの充足 ————————————————— 24

1-1-4　自動車産業の変革要素としての SDV ——————— 26

1-2　SDV が注目されるワケ ———————————————— 28

1-2-1　2030 年にかけて市場を席巻する SDV ——————— 28

1-2-2　SDV がもたらす 8 つの「うれしさ」————————— 29

1-2-3　市場・バリュープールの変化 —————————— 33

1-2-4　同質化の懸念 ——————————————————— 34

1-2-5　企業の経営モデル進化 ————————————— 36

　コラム　クルマがスマートフォン化することの意味 ——— 41

1-3　SDV を定義する ——————————————————— 49

1-3-1　本書における SDV の定義 ———————————— 49

1-3-2　現状の SDV レベルと今後 ———————————— 57

1-4 電動化と自動運転との関係 ———————————————— 63

1-4-1 SDV 化による自動運転・電動化開発の加速 ——————— 63

1-4-2 SDV 化と自動車サプライヤーの今後 ———————— 68

1-5 SDV の課題 ——————————————————————————— 73

1-5-1 SDV を構成する 10 要素と SDV レベル ——————— 73

1-5-2 10 要素による機能拡張 ———————————————— 75

第2章 SDV 時代へ、10 の課題解決 ———— 93

2-1 UX ———————————————————————————————————— 94

2-1-1 SDV における UX のイメージ ———————————— 94

2-1-2 SDV 化に伴う UX の変化 ———————————————— 95

2-1-3 従来のモビリティの枠組みの中で進化する
ユースケース ———————————————————————— 99

2-1-4 従来のモビリティの枠組みを超えたユースケース —— 101

2-1-5 サービス開発のオープン化とユーザーの開発参加 —— 105

2-2・3 収益構造・アプリ/サービス販売 ——————————————— 108

2-2・3-1 SDV ならではのビジネスモデルとは —————————— 108

2-2・3-2 ユーザーが期待するアプリ・サービス ———————— 112

2-2・3-3 海外 OEM にみるアプリおよびサービスの先端事例 — 114

2-2・3-4 SDV におけるビジネスモデルの課題 ———————— 116

2-2・3-5 SDV はサプライヤーのビジネスモデルにも
変化を与える ——————————————————————— 118

2-4 クラウドインフラ　　　121

- **2-4-1** SDV を支えるクラウドインフラの重要性 　121
- **2-4-2** クラウドネイティブアーキテクチャの採用 　124
- **2-4-3** 目的別データストアとデータ管理戦略 　127
- **2-4-4** クラウドインフラに求められる信頼性 　131
- **2-4-5** 進化し続けるクラウドインフラ 　133

2-5 コネクティビティ　　　135

- **2-5-1** 自動車のコネクテッドとは 　135
- **2-5-2** コネクテッドの歴史 　138
- **2-5-3** コネクテッドの将来 　141

2-6 E/E アーキテクチャ　　　145

- **2-6-1** SDV の実現に必要な E/E アーキテクチャ 　145
- **2-6-2** E/E アーキテクチャの要件 　147
- **2-6-3** E/E アーキテクチャの構成要素 　152
- **2-6-4** E/E アーキテクチャの進化の歴史 　155
- **2-6-5** E/E アーキテクチャの課題 　159
- **2-6-6** SDV 開発に向けた提言 　161
- **2-6-7** SDV の将来展望 　164

2-7 ソフトウェア開発　　　165

- **2-7-1** SDV のソフトウェア開発に求められるアプローチ 　165
- **2-7-2** AI を活用した開発生産性の向上 　170
- **2-7-3** 自動車におけるソフトウェア開発の将来像 　173

2-8 **ソフトウェア構造** 183

2-8-1　SDV を支えるソフトウェア構造 183

2-8-2　標準化を推進する AUTOSAR の取り組み 187

2-8-3　車両を制御する基盤、ビークル OS に関する取り組み 191

2-8-4　API 標準化の取り組み 193

2-8-5　ソフトウェア構造の共通化・標準化がカギに 195

2-9 **サイバーセキュリティ** 197

2-9-1　SDV におけるサイバーセキュリティの捉え方 197

2-9-2　サイバーセキュリティ対策のための各種規制 199

2-9-3　SDV に対応したサイバーセキュリティの取り組み 202

2-9-4　サイバーセキュリティ・ガバナンス体制と人材確保 207

2-10 **半導体** 212

2-10-1　SDV における車載用半導体 212

2-10-2　自動運転の実現方法 214

2-10-3　自動運転の実現方法から見た先端半導体の違い 218

2-10-4　短期から中期にかけての車載用先端半導体の動向 219

2-10-5　長期的に見た車載用先端半導体の予測 221

第3章　SDV 時代への備え 223

3-1 **SDV 時代におけるルールへの対応** 224

3-1-1　自動車のスマホ化と法規制 224

3-1-2　SDV に対応する法規制の現状 226

| | 3-1-3 | 法規制への対応の難しさ | 229 |
| | 3-1-4 | 法規制への対応の備え | 236 |

3-2 品質保証への取り組み　240

	3-2-1	品質保証とは	240
	3-2-2	車載ソフトウェアに対する品質保証の歴史	243
	3-2-3	SDV を支える品質保証規格	246
	3-2-4	車載ソフトウェアに対する品質保証の課題や取り組み	254

3-3 人材と組織体制の在り方　260

	3-3-1	モビリティDX 戦略による官民検討体制とバリューチェーンの変化	260
	3-3-2	SDV 時代における環境変化と求められる人材	262
	3-3-3	ソフトウェア人材の確保（獲得・育成）	270
	3-3-4	SDV 実現に向けて必要となる組織の在り方	273
	3-3-5	各社の特徴に合わせた取り組み	276

3-4 自動運転と SDV の関係性　278

	3-4-1	自動運転の成り立ちと進化	278
	3-4-2	自動運転に関連する国際標準および法規制	282
	3-4-3	UN-R171 の概要	285
	3-4-4	UN-R157 の概要	287
	3-4-5	ISO 21448 の概要	290
	3-4-6	ISO 34502 の概要	293
	3-4-7	自動運転と SDV の関係	294

第4章 SDVのプレーヤーたち　297

4-1 SDVを取り巻くプレーヤーとは　298

4-1-1 SDVを軸にしたエコシステム実現の方向性　298

4-1-2 SDVを取り巻くプレーヤー　304

4-2 各プレーヤーの取るべき対応　310

4-2-1 SDVを取り巻くプレーヤーの顔ぶれ　310

4-2-2 プレーヤーを6者に分類、それぞれの取るべき
対応とは　310

第5章 SDVとその未来　319

日本がグローバルスタンダードになるには　320

おわりに　332

第 1 章

SDVの正体

1-1

モビリティ業界の潮流

1-1-1

GX と DX の 2 軸による産業構造の変化

　周知の通り、自動車業界は今、「100 年に一度の変革期」にあると言われており、CASE〔Connected（インターネットにつながる）、Autonomous（自動運転）、Shared & Services（カーシェアリングとサービス）、Electric（電動化）〕、カーボンニュートラルなど、多様かつ複雑なテーマへの対応が迫られている。それらに加えて、近年では本書のテーマとなる SDV（Software Defined Vehicle、ソフトウェア定義車両）も話題に上りつつある。

　SDV は文字通り、ソフトウェアにより自動車の機能が更新されることを前提に設計・開発される車両、およびそれを取り巻くエコシステムのことである。では一体、SDV はどのような背景から必要とされるようになってきたのか──。本節では、SDV を理解する上で前提となる GX（グリーントランスフォーメーション）と DX（デジタルトランスフォーメーション）の概念や、その背景にある社会課題、産業構造の変化、顧客ニーズの変化について述べる（ **図表 1-1-1-1** ）。

● GX によるサステナビリティの実現

　GX は、環境負荷低減や資源活用・安定調達といった環境保護お

図表 1-1-1-1　GX と DX の軸で見た社会課題、産業構造、顧客ニーズ

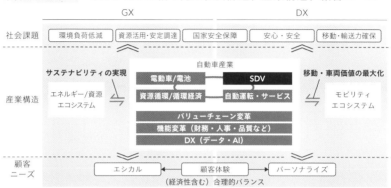

自動車産業においては今後、SDV が大きな役割を果たしていくことになる。（出所：PwC）

よびサステナビリティ面の課題にフォーカスした取り組みである。経済産業省は、GX について、「化石燃料をできるだけ使わず、クリーンなエネルギーを活用していくための変革やその実現に向けた活動」と説明している[1]。モビリティ産業における GX は BEV（Battery Electric Vehicle、バッテリー式電気自動車）をはじめとする「電動化」を中心に、資源循環や再生可能エネルギーのインフラ構築など、同業種や異業種間の企業横連携や、産官学連携が積極的に進められている。

昨今の GX に向けた取り組みの背景を簡単に振り返ると、2015 年開催の国連気候変動枠組条約第 21 回締約国会議（COP21）における「パリ協定」では、先進国だけではなく、新興国も条約の対象となった。以降、世界各国で具体的な CO_2（二酸化炭素）削減目標を定める動きが加速し、2020 年以降には「温室効果ガスの排出を全体としてゼロ」とするカーボンニュートラルを宣言する国家や企業が

次々と登場する流れとなった。

　近年の日本政府においては、2020 年 10 月に「2050 年カーボンニュートラルに伴うグリーン成長戦略」（2021 年 6 月改定）を発表し、2050 年までのカーボンニュートラル達成を宣言している。さらに 2023 年 12 月に日本政府が発表した「分野別投資戦略」の中では「イノベーションの促進」「国内生産拠点の確保」「GX 市場創造」の 3 本柱に沿って、次世代電池の研究開発支援や、各種補助金等の施策パッケージを展開すると述べている。

　企業における CO_2 削減の取り組みについては、国際標準化機構（ISO）が 1996 年に制定した国際規格 ISO 14001（環境マネジメントシステム）に基づく取り組みがなされてきた。しかしながらこの数年で要求されているカーボンニュートラルにおいては、それとは考え方や規模感が大きく異なってくる。「温室効果ガスの排出を全体としてゼロ」にするということは、企業単体の力では不可能である。その達成のためには、自社外の企業や組織との密な協調や、事業活動における社会への影響まで検討する必要があるため、従来の ISO のような「節電」「省エネ」など企業単体の現場実務における目標に限定されない、ESG〔Environment（環境）、Social（社会）、Governance（ガバナンス）〕を踏まえた、より多角的な活動が要求されるようになったのである。

　すなわち、今求められている GX とは、現場のカイゼン活動である「CO_2 削減」を超えた「産業や社会の変革」と言える。また、カーボンニュートラルの取り組みの中で流通するデータは膨大かつ複雑であり、デジタル基盤によるデータ統合や、AI（Artificial Intelligence、人工知能）や機械学習を組み込んだ処理・分析などの DX

とも密接不可分となっている。

このように新たなケイパビリティが求められる中、結果として自動車OEM（自動車メーカー）各社が電動化シフトを進めるとともに、大手ITプラットフォーマーなどの異業種や新興メーカーによる電動化も相次いでいる。

● **DXにより移動・車両価値を最大化する**

一方、DXは、社会の移動・輸送手段およびインフラに関する安心・安全と、移動・輸送力確保、さらに国家安全保障にも着目した取り組みである。経済産業省と国土交通省は、「モビリティDX戦略」において、SDVをはじめとする自動車分野のDXにおける国際競争を勝ち抜くべく官民で検討を進めるとしている[2]。

同戦略の中で述べられているポイントは、「SDV領域」「モビリティサービス（自動運転等）領域」「データ利活用領域」の3領域において、中長期的な計画で官民連携による協調領域の取り組みを行うとしていることである。その中で、開発効率化のためのシミュレーション環境の構築、自動運転トラックの実証実験やロボットタクシーの開発支援、データ利活用基盤の構築やそれを利用したビジネスの構築などを進めていくとしている。この戦略の目標の一つとして、SDVのグローバル販売台数における「日系シェア3割」の実現（2030年および2035年）を掲げるなど、モビリティDXの中でもSDVの取り組みは日本政府にとってまさに「肝いり」である。

さらに「モビリティDXプラットフォーム」を立ち上げ、自動車OEM、自動車以外の産業の企業、スタートアップ、大学・研究機関、あるいは個人までそこに参画し、新たな価値創出や機会醸成、

人材獲得・育成などを目指している。

参考文献

（1）METI Journal、「知っておきたい経済の基礎知識〜GXって何？」、https://journal.meti.go.jp/p/25136/

（2）経済産業省、「『モビリティDX戦略』を策定しました」、https://www.meti.go.jp/press/2024/05/20240524005/20240524005.html

1-1-2 社会課題への挑戦

　前項で述べた通り、全世界で地球温暖化ガス削減やカーボンニュートラルによる環境保全への動きが急加速していることに加えて、日本固有の社会問題として少子高齢化や働き手不足、地方経済の低迷、都市集中化、エネルギーや資源の安定的確保などがある。将来の国家の存続にもかかわるとも言えるこれらの社会課題を乗り越えるための基盤づくりはGX/DXにおける重要な使命である。

　ここでは、**図表1-1-1-1**に示した5つの社会課題、すなわち環境負荷低減、資源活用・安定調達、安心・安全、移動・輸送力確保、国家安全保障について具体的に見ていく。

● 環境負荷低減

　世界各国で、2050年までのカーボンニュートラルの達成に向け、CO_2削減目標の数値を定めている。日本におけるカーボンニュートラルの目標も、2030年度のCO_2削減目標を2013年度比で−46％に設定されており、さらに−50％の高みに向けて挑戦を続けていく

としている[1]。その一方で、気候変動に関する政府間パネル〔IPCC（Intergovernmental Panel on Climate Change）〕は2023年3月発表の「IPCC第6次評価報告書（AR6）」[2]において、「現状のままでは地球温暖化の抑制は厳しい」と指摘しており、それを受けて国連もCO_2削減の取り組みをより加速すべきだと述べている。カーボンニュートラルのプレッシャーはますます高まる一方であり、企業としてはそれによる収益悪化に備えた効率化・代替収益源獲得が迫られる。

● **資源活用・安定調達**

地球上の鉱物や物質は特定の産地でしか取れないものが多く存在する。特に電池や半導体部品を構成する上で必要不可欠なレアメタルの精錬工程までを含めたサプライチェーンの大半が中国に依存する[3]。また、これまでの日本は、エネルギーや資源の調達について、その多くを海外からの輸入に頼ってきた。さらに近年の新型コロナウイルス感染症の流行のような、予期せぬ事態の発生リスクや、戦争や貿易摩擦など地政学的リスクの高まりは、資源の安定調達を脅かすことになる。そのような中、日本では国内外のサプライチェーンの混乱に備え、レジリエンス強化に取り組んでいる。

EV（Electric Vehicle、電気自動車）や再生可能エネルギーが社会に普及するにつれ、鉱物の需要も拡大することから、企業としては安定調達の施策と併せ、LCA（Life Cycle Assessment）※による鉱物の環境負荷の評価、LCB（Life Cycle Benefit）※による資源の囲い込みを適切に実施

※ LCAは、資源やエネルギーの調達、製品の原料調達から製造、使用、廃棄といった製品ライフサイクル、および製品ライフサイクル全体で排出される廃棄物の処理といったプロセス全体に及ぶ環境負荷を定量的に評価するための手法。LCBは、製品やサービスがライフサイクル全体を通して得られる便益。

することも今後ますます重要となる。

● 安心・安全

これまでの自動車の普及は、交通事故の増加や大気汚染拡大など
の社会問題をもたらしてきた一面を否定できない。現在、経済の発
展とともに、人口が増加し、自動車の保有台数も急増するさなかに
ある新興国においては、まさにそうした問題に悩まされている。

一方、日本においては、人口減少とともに高齢化が進展する中、
交通事故の死亡者数は全体として減少傾向であるものの、年代別に
見ると 75 歳以上の死亡者数の減少率は他年代と比較して明らかに
小さい上、事故発生率も高く、全年代の中で占める比率が年々拡大
している[4]。

こうした中、企業としては、交通事故防止策と移動・生活の自由
の両立も重要な課題となっている。

● 移動・輸送力確保

全世界で一時的な移動制限がかかったコロナ禍を背景に、EC
（Electronic Commerce、電子商取引）の需要が急拡大した一方、物流にか
かわるトラックドライバーの数には限りがある。日本を例に取る
と、トラックドライバーは、2030 年までに 2015 年比で 3 割減少す
るという予測がある。

さらに日本では、2024 年施行の「働き方改革関連法」による、ト
ラックドライバーの時間外労働の上限規制による輸送能力低下が問
題視され、「物流における 2024 年問題」と言われてきた[5]。労働人
口が低下する中、トラックドライバーが今後も増加に転じるとは考

えづらく、企業には物流業務の省人化や自動化などに応えることが求められている。

● 国家安全保障

日本は化石資源をほぼ全て海外に依存している状況で、一次エネルギー自給率は低迷し続けている[6]。一次エネルギー自給率を高めエネルギーの安定的確保（エネルギーセキュリティ）を向上させるには、GX の観点で再生可能エネルギーなどを含むエネルギー・モビリティの動力源の多様化が有効である。

地政学的リスクは、ソフトウェア開発の体制や製品市場など DX の観点にも影響を及ぼす。ハッキングやマルウェア攻撃を防ぐ観点から、敵対国で開発・製造拠点を構えない、敵対国で製造されるソフトウェア制御の製品を輸入規制するといった動きが例として挙げられる。米商務省は、「情報通信技術およびサービスに係るサプライチェーンの保護：コネクテッドカー（米国コネクテッドカー規制）」の規制案を 2024 年 9 月に公開、最終規則を 2025 年 1 月に発表した。コネクテッドカーや自動運転機能を持つ車両について、中国およびロシアの部品やソフトウェアを使った車両の輸入や販売を禁止する計画だ。

以上のように、企業においても GX/DX を推進する上で国家安全保障の観点でのサプライチェーンの見直しなどが迫られる。

参考文献

（1）外務省、「気候変動　日本の排出削減目標」、https://www.mofa.go.jp/mofaj/ic/ch/page1w_000121.html

（2）気象庁、「AR6 統合報告書 政策決定者向け要約」、https://www.jma.go.jp/jma/press/2303/20a/ipcc_ar6_syr_a.pdf

（３）経済産業省、「蓄電池産業戦略」、https://www.meti.go.jp/policy/mono_info_service/joho/conference/battery_strategy/battery_saisyu_torimatome.pdf

（４）内閣府、「特集『未就学児等及び高齢運転者の交通安全緊急対策について』」、https://www8.cao.go.jp/koutu/taisaku/r02kou_haku/zenbun/genkyo/feature/feature_01_3.html

（５）国土交通省、「物流の『2024 年問題』とは」、https://wwwtb.mlit.go.jp/tohoku/00001_00251.html

（６）資源エネルギー庁、「1. 一次エネルギー自給率の現状」、https://www.enecho.meti.go.jp/about/whitepaper/2021/html/1-3-1.html

1-1-3 顧客ニーズの充足

　社会や産業の変化により顧客ニーズも変化してきている。従来の「安いものを、多く消費する」大量生産・大量消費の時代は終わり、「自分が欲しいものに価値を見いだす」マスカスタマイゼーションの時代に突入している。インターネットの普及で個人での情報収集がしやすくなり、SNS（Social Networking Service、交流サイト）やオンラインショッピング、オンライン決済といった仕組みも広まる中で、顧客ニーズはますます多様化し続けている。

● エシカル消費

　消費者それぞれが各自にとっての社会的課題の解決を考慮する、あるいはそうした課題に取り組む事業者を応援しながら消費活動を行うことを「エシカル消費（倫理的消費）」という[1]。SDGs（Sustainable Development Goals、持続可能な開発目標）やサステナビリティといった概念が広まる中で提唱された考え方である。

　現状では、環境問題の意識が高い欧州市場や、購入する製品のブランドイメージを重視する富裕層、化粧品やアパレルへの関心が高

い層から浸透してきている。例えば、高級EVへ投資する富裕層であれば、EVの性能やデザインの他、環境負荷低減に寄与することも消費の価値として見いだすということが、すなわちエシカル消費の考え方である。

実際、筆者らの調査「eReadiness Report 2024」[2]によれば、APAC（アジア太平洋）各国、EMEA（欧州、中東及びアフリカ）各国、北米、ラテンアメリカの地域別で、EVオーナーが他にどのようなEV関連製品を購入しているかを調べたところ、ほとんどの地域で1/3以上のEVオーナーがグリーン電力を契約しているなど、環境配慮サービスに関心があることがうかがえた。

● 顧客体験の不満

同調査では、EV所有者の31％がエンジン車に戻りたいと思っていることも確認された。そこで、エンジン車への回帰を検討しているEVオーナーに対して、その理由を聞いたところ、航続距離、コストに次いで、運転体験や充電体験に対して不満があるという回答が多く見られた。とりわけ充電体験の不満に関しては、北米が突出していた。

今後の製品・サービス開発においては、こうした顧客の不満の原因を分析し、GXとDXによって経済性と顧客体験のバランスを取るように改善していくことが重要である。

● パーソナライズ

一方、上記とは別の筆者らの調査「デジタル自動車レポート2023」[3]で、SDVへの期待を聞いてみると、回答者は居住エリアに

かかわらず、「ナビゲーション」「安全性」に次いで、自分好みに機能をカスタマイズできる「オンデマンドの自動車機能」を多く挙げた。国別では、ドイツが 69 ％、米国が 71 ％で、特に中国に至っては 92 ％もの消費者が同機能を重要と回答した。

　こうした自動車のパーソナライズ化の傾向を受け、SDV 化によるソフトウェアの重みが今後ますます増していくだろう。

参考文献

（1）消費者庁、「エシカル消費とは」、https://www.caa.go.jp/policies/policy/consumer_education/public_awareness/ethical/about/#:~:text=%E3%80%8C%E5%80%AB%E7%90%86%E7%9A%84%E6%B6%88%E8%B2%BB（%E3%82%A8%E3%82%B7%E3%82%AB%E3%83%AB%E6%B6%88%E8%B2%BB）%E3%80%8D%E3%81%A8%E3%81%AF%3F,%E6%B6%88%E8%B2%BB%E6%B4%BB%E5%8B%95%E3%82%92%E8%A1%8C%E3%81%86%E3%81%93%E3%81%A8%E3%80%82

（2）PwC、「eReadiness 2024 調査レポート」、https://www.strategyand.pwc.com/it/en/assets/pdf/ereadiness-study-2024.pdf

（3）PwC、「デジタル自動車レポート 2023 消費者の真のニーズを理解する」、https://www.strategyand.pwc.com/jp/ja/publications/report/asset/pdf/digital-auto-report-2023.pdf

1-1-4
自動車産業の変革要素としての SDV

　ここまで述べてきた社会課題や顧客価値の変化を踏まえ、改めてSDV はどういう役割を担うのか考えてみたい。

　SDV が担う役割としては、増加し続ける車載ソフトウェアについての、開発コスト抑制や不具合対応の迅速化、対応コスト抑制といった「守り」に加え、GX や DX を実践していく「攻め」の手段となることである。前述の通り、モビリティの GX・DX は、SDV以外に「電動車/電池」「資源循環/循環経済」「自動運転・サービス」

の3つの領域によって推進される（**図表1-1-1-1**）。具体的には「電動車/電池」とSDVが掛け合わさることで、EV化に伴う収益低下の穴埋めや、停車や充電時の車両空間や時間の活用が進む。また、「資源循環/循環経済」とSDVが掛け合わさることで、ユーザー（中古車オーナー）ごとにカスタマイズ性を提供できる。さらに、「自動運転・サービス」とSDVが掛け合わさることで、自動運転機能の継続更新や自動運転中の車両空間・時間の活用が進む。

　見方を変えると、SDVの実現なくしてCASEおよびモビリティエコシステム変革の実現はないとも言える。GX・DXの実現手段としてCASEの解像度を上げた際に、AI技術、サイバーセキュリティ対策、高性能半導体技術、コネクティビティ、サーキュラーエコノミーなど様々な要素に分解されるが、SDVはこれらを高度化する上で中心的な役割を果たす（**図表1-1-4-1**）。

図表1-1-4-1　CASEとSDVの関係

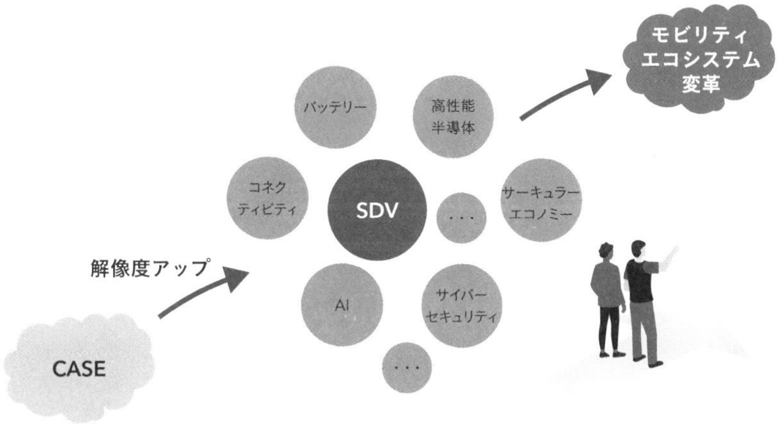

CASEを構成するものを考えていく（解像度を高めていく）と、その中心にSDVがあり、それらがモビリティにおけるエコシステムを改革していく。（出所：PwC）

1-2

SDV が注目されるワケ

1-2-1

2030 年にかけて市場を席巻する SDV

　前節では、SDV（Software Defined Vehicle、ソフトウェア定義車両）化が、自動車・モビリティ産業全体の変化、とりわけ社会課題や顧客体験の変質から求められる産業構造変化において中心的な役割を果たすことを説明してきた。

　実際に、自動車 OEM（自動車メーカー）各社は、SDV に年間 1 兆円規模の投資を計画している。一部の自動車 OEM では、テレマ保険やコネクテッド、自動運転などで年間 1 兆円規模の売り上げを目指すことを対外発表するなど、SDV の市場成長や需要拡大への期待の大きさがうかがえる。

　本節では、改めて SDV が注目される理由を掘り下げるため、SDV がもたらすメリット（うれしさ）が何であり、どのような市場・バリュープールの変化が生じ、それによってどのように企業の経営モデルが変わっていくべきなのかを論じていきたい。

1-2-2 SDV がもたらす 8 つの「うれしさ」

SDV は 8 つの「うれしさ」を、ユーザー・自動車 OEM に直接的にもたらす（**図表 1-2-2-1**）。加えて、自動車業界以外の事業者も副次的にうれしさを享受する。

図表 1-2-2-1　SDV がもたらす 8 つの「うれしさ」と受益者

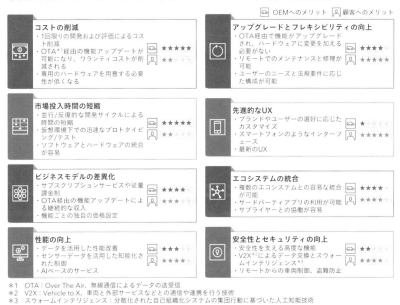

*1　OTA：Over The Air、無線通信によるデータの送受信
*2　V2X：Vehicle to X、車両と外部サービスなどとの通信や連携を行う技術
*3　スウォームインテリジェンス：分散化された自己組織化システムの集団行動に基づいた人工知能技術

SDV 化は、顧客に様々なメリットをもたらすだけではなく、自動車 OEM が競争優位性を維持する上でも不可欠となっていく。（出所：PwC 作成）

● ユーザーにとってのうれしさ

　まず、ユーザーにとってのうれしさとしては、主に「性能の向上」「先進的な UX（User eXperience、ユーザー体験）」「アップグレードとフレキシビリティの向上」「安全性とセキュリティの向上」の4点である。

　「性能の向上」は、データを活用した性能改善が図られるものである。うれしさの一例として、カーナビゲーションの地図もリアルタイムでアップデートがかかるため、実地と地図とで道路や建物の位置が一致していないということも起こりづらくなる。ユーザーがアプリを用いて、走行機能のチューンアップを行ったり、車内空間で使用できる好みのサービスを自由に追加・削除したりすることもできるようになる。チャットボット機能による操作も浸透し、ユーザーは機能操作の負担が減り、対話を楽しむといったうれしさも享受する。

　「先進的な UX」の例としては、所有している車両の修理や保守などのために販売店にわざわざ出向かなくてもよくなることが挙げられる。その際、「アップグレードとフレキシビリティの向上」として、必要な改修や保守があれば、①インターネットを経由してソフトウェアの自動更新がかかる（OTA、Over The Air）、②アプリを用いてユーザー自身で対処する、③チャット機能で販売店と連絡を取り合って対処する、といった体験の進化が起こる。

　「安全性とセキュリティの向上」は、これらの体験の大前提として必要とされる。

● 自動車 OEM にとってのうれしさ

次に、SDV を提供する側である自動車 OEM にとってのうれしさとしては、主に「コストの削減」「市場投入時間の短縮」「ビジネスモデルの差別化」の 3 点である。中でも表裏一体の関係である「コストの削減」と「市場投入時間の短縮」から詳述したい。

主要な機能がソフトウェアに集中し、ECU（Electronic Control Unit、電子制御ユニット）も統合化される SDV の開発においては、実物の部品点数が減り、かつ開発初期からコンピューターシミュレーションベースでのデジタル開発になる。その最たる例が、コンピューターの中にあるバーチャル車両を用いたデジタルツイン※での開発だ。こうした手法の導入により、従来の自動車開発期間がおおよそ 3 ～ 4 年程度と言われていたのに対して、SDV では 18 カ月程度になるといった高速開発を目指している。それに伴って開発費も半分程度に抑えられる（「コストの削減」）とともに、市場の要求にタイムリーに応えやすくなる（「市場投入時間の短縮」）。

さらに自動車 OEM は SDV からユーザーの使用状況や嗜好などのデータをリアルタイムに収集・利活用することで「ビジネスモデルの差別化」を図ることができる。ユーザーの不満などの声をすぐに把握して、SDV にアップデートをかけたり、手元の開発へ反映させたりする。ディーラーによる顧客ヒアリングやアンケートといった質的調査と併せ、データに基づいた量的調査や仮説検証が行えるようになると、ユーザーに対する理解を深めることにつながる。

※　デジタルツインは、デジタルと実機の間で無線によりデータをやり取りし、双子のようにデータ連動し合う概念、もしくはそれによるシミュレーション方式。

● 自動車業界以外の事業者にとってのうれしさ

　そして最後に、ユーザー・自動車 OEM だけではなく自動車業界以外の事業者のうれしさを考えてみると、「エコシステムの統合」が挙げられる。

　SDV のビジネスでは、従来の自動車ビジネスとは異なり、「クルマとつながる第三者」、つまりこれまで自動車産業と直接関わりがなかった企業なども参入しやすくなる。電力会社やカーシェアリングを提供する企業などだ。例えば、電力会社の場合、余剰電力を有効活用することが期待できる。現状の再エネ設備では蓄電量が限界値を超えると、その余剰電力は捨ててしまうしかない。ところが SDV とつながれば、電力が余っている再エネ設備の情報を通知し、そこへ充電しにいくように勧めるといったサービスが考えられる。これは、電力会社にとっても、そして SDV ユーザーにとってもうれしいことである。

　カーシェアリングの企業の場合には、これまでデータサーバーが担っていた車両の予約機能を SDV 自体に持たせることにより、管理コストが抑えられる。さらに、忘れ物を発見してリアルタイムに通知する、あるいは渋滞による返却遅延を自動通知するといったより便利な機能も付加できる。

　このように、SDV では利用者と開発者だけではなく、これまで第三者とされてきた立場の企業もうれしさを享受できる。このことは、SDV ならではの大きなメリットとして、世の中の注目度を高めている大きな要因でもある。

1-2-3 市場・バリュープールの変化

　SDV領域の市場成長は、2035年までに業界平均を上回る最大5％のCAGR（年平均成長率）を達成する見通しであると同時に、自動車業界のバリュープールが再編する可能性がある（**図表 1-2-3-1**）。

　まずソフトウェア開発については、2025年から2035年にかけて市場規模が5兆7600億円（360億ユーロ、1ユーロ＝160円換算）増加し、15兆2000億円（950億ユーロ、同）に達する見通しである。規模の面では、AD/ADAS（Autonomous Driving/Advanced Driver-Assistance Systems、自動運転/先進運転支援システム）とインフォテインメントが市場成長をけん引するが、ボディ、快適性、シャシー制御など、これまでソフトウェア・ドリブンではなかった分野で大きな成長が見込まれる。

　続いてE/E（電気/電子）開発については、2025年から2035年にかけてハードウェアとE/E開発の市場規模が2兆800億円（130億ユー

図表 1-2-3-1　市場拡大の機会

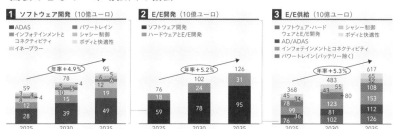

E/E供給市場（ソフトウェアとE/E開発を含む）は、最大5％の年成長率を達成する見通しで、新規市場参入組にも機会が生まれる。（出所：PwC作成）

ロ、同）増加し、4 兆 9600 億円（310 億ユーロ、同）に到達。ソフトウェ
ア開発と合わせた規模は 20 兆 1600 億円（1260 億ユーロ、同）となる見
通しである。

最後に、ソフトウェア・ハードウェアを含む全体感となる E/E 供
給については、2025 年から 2035 年にかけて市場規模は 39 兆 8400
億円（2490 億ユーロ、同）増加し、98 兆 7200 億円（6170 億ユーロ、同）に
達する見通しである。

これらの付加価値は、自動車 OEM・メガサプライヤーだけでは
なく、ソフトウェアサプライヤー・テック企業によって配分されて
いく。従来の自動車産業では、自動車 OEM がバリューチェーンを
主導し、ソフトウェア開発では Tier1（第 1 層）サプライヤーを活用す
る構造だったが、今後はテック企業やコアデバイスメーカーが
AD/ADAS、E/E、クラウド、電子機器の分野を取り込む。日本の
自動車産業という視点では、これらが新たなデジタル赤字の要因と
なることも懸念される。

1-2-4 同質化の懸念

SDV は、前述したように、我々や社会に対して大きなインパクト
をもたらし得る存在であることは確かだが、特に自動車 OEM が留
意しなければならないことがある。

実は、現状の SDV を見ると、既に自動車 OEM 各社が提供する
サービスが類似してきているのだ。それには、取引する IT ベン

ダーや部品サプライヤーがある程度共通している、既存技術の組み合わせでサービスをつくり上げているといった事情が関係している。

そこを打破しようと自動車OEM各社は、カラオケや対戦型ゲーム、室内演出機能、火星地図の表示など独自性のあるエンターテインメント系サービスを実装している。SDVの市場が大きくなるにつれ、こうした新機能追加合戦ともいえる競争は激しさを増すと予想される。

そこで重要となるのが、「開発スピード」である。SDVを通して得られるユーザーのニーズや嗜好などに関するデータを分析しながら新機能をどんどんと独自開発し、直ちにサービス化してユーザーの反応を見る。それを開発にフィードバックし、また新たな新機能を独自開発する。ここでよりどころとなるユーザーデータこそが、その自動車OEMしか持ち得ない、他社との差異化要因となるのである（**図表1-2-4-1**）。

図表1-2-4-1　自動車OEMごとの提供サービス比較

音声認識、ドライブアシスト、スマホ連携といった機能は、自動車OEM各社で似ている。今後は独自性のあるサービスが求められ、そこではデータ活用が重要となる。（出所：PwC）

一方で、自動車OEMが開発コストをかけた分の回収を含め、市場から十分な利益を継続的に獲得していくことは決して容易ではない。比較的多くのユーザーがなるべく安いサブスクリプションプランに抑えようとか、自分が使う期間だけ契約しようとか考えるからだ。そもそも、自動車は生活する中でずっと利用しているわけではなく、家電やスマートフォンなどと比べれば限定された時間内で使用するものである。従って、ユーザーに課金してもらえる時間が限られているため、そこから得られる利益も限定されてしまうことになる。こうした事情を鑑みると、開発コストをある程度販売価格に転嫁せざるを得ないことになる（第2章2-2参照）。

　こうした利益回収の課題について、SDVに参入している自動車OEM各社はまさに今、試行錯誤している。課題を克服するためには、中長期的目線に立って利益回収を計画する、SDVから直接得る以外の大きな収益源を確保するなど、戦略的にビジネスを組み立てていく必要がある。SDVから得られるデータを利用してビジネスをするのも一つの手であり、例えばSDVのユーザーデータを利用して新しい保険商品や金融商品を開発することも可能になる。

1-2-5
企業の経営モデル進化

　収益回収は決して生半可にはいかないのだろうが、先に述べたようなSDVが各方面にもたらす「うれしさ」は確実に存在し、社会から強く望まれていることも確かである。それだけに、SDV化には

しっかりと対応していかなければならず、そのためには様々な変革が求められる。

SDV 化を進めていくと、車両を市場に送り出した後に利益創出するなどバリューチェーンが変革される。しかしながら、それに至るには、まずは上記で述べた収益回収の課題を乗り越えなければならない。自動車業界のエンジニアリングチェーン（設計・製造）およびサプライチェーン（調達・物流）も、SDV に適した体制に変わっていかなければならないのである。

● エンジニアリングチェーンの課題

これまでの伝統自動車 OEM（伝統 OEM）では、機械系に比重が置かれた開発体制になっていた。一方、SDV ではソフトウェアに比重が置かれた開発体制でなければならない。従来の機械重視の体制では、ソフトウェア開発は自動車 OEM 自身ではなく、その外注先が請け負うケースが大半だった。そのため、ソフトウェアの知見も外注先の中でブラックボックス化され、自動車 OEM の中ではソフトウェア開発を担う部分の知見や人材が十分に育ってこなかった。そのような環境では当然のことながら、ソフトウェア開発の工数やコストの見積もりもままならない。

伝統 OEM で SDV の取り組みを開始する場合、ソフトウェア開発の責任は、ECU などを担当する E/E 系の開発部門が担うことが多いだろう。自動車 OEM においては従来、エンジン周りなどの機械系や生産系の現場の立場が強く、E/E 系の現場の立場が弱い傾向にあった。そのため、E/E 系の現場が開発のリーダーシップを取っていくには、車づくりそのものの変革を避けては通れないだろう。

さらに、自動車 OEM では他業界経験者も含めソフトウェアエンジニアの採用を積極的に行っているが、国内の人材市場では IT 人材そのものが不足している状況もあり、なかなかままならない状況だ。

　一方、新興自動車 OEM（新興 OEM）は伝統 OEM と違い、歴史の積み重ねによるしがらみがない組織である上、ソフトウェアと電気で制御する自動車開発からスタートしているため、当然、ソフトウェアの知見も最初から自社内にある。要するに、初めから SDV に適した開発体制になっていると言える。

　ただし、自動車開発そのものの実績がないなりの課題や苦労がある中で、全く実績のない未知の領域で極めて多額の開発コストを投資していかなければならない。とりわけ、自動車に不可欠な信頼性や安全性を担保するための実験や品質管理の知見に関しては、新興 OEM よりも伝統 OEM の方に一日の長がある。

　このように、伝統 OEM も新興 OEM も、技術的に弱い部分をどのような体制や施策によって補うかが課題となっており、それぞれ改善や改革に取り組んでいるのが現状である。

● サプライチェーンやサービスの課題

　自動車 1 台当たりの半導体価格が 2019 年の 6 万 3800 円（420 米ドル、1 米ドル＝152 円換算）から 2023 年で 12 万 1600 円（800 米ドル、同）と約 2 倍となり、2030 年には 20 万 5200 円（1350 米ドル、同）と 10 年で 3 倍以上となる勢いで増えている（「Omdia analysis and research Q3 2024」より）。このことからも、サプライチェーン面としては、自動車の制御には欠かすことができない半導体が安定調達できる体制を整

えるべきであり、チップセットメーカーの稼働状況に柔軟に対応するためのグローバルサプライチェーンの強靱化が重要である。

ソフトウェア調達面においては、多種のソフトウェアの構成管理やライセンス管理と併せ、セキュリティ管理できるデータ管理プラットフォームおよびSBOM（Software Bill of Materials、ソフトウェア部品表）の整備が必要だ。ハードウェア類については必要な範囲でコモディティ化してコストダウンを図り、製品としての独自性はソフトウェアの方で出していくようにする。

販売のフェーズにおいては、オンライン販売で取り扱いやすいよう、製品本体となる部分は極力シンプルにしておき、それに対するオプションの付加や選定をしやすくするといった配慮となる。また保守フェーズにおいては、ソフトウェア更新による品質保証の仕組みや、新サービスによる収益化について検討する必要がある。

● 財務・人事・品質部門の機能変革

SDVにより、ビジネスモデルが売り切りのフロー型から、サブスクリプションによるストック型に変革するに伴って、財務、人事や品質管理におけるKPI（Key Performance Indicator、重要業績評価指標）も変わってくる。

財務および事業管理においては、モノ売りからコト売りに変わることによるKPIの変化だ。例えば、新車の売上額そのものは重視せず、アプリケーションの収益でもうけるようにするなど、「損して得取れ」といった事業構造に転換していく。

人事としては、ソフトウェア業界など異業種の常識を取り込んだ評価や報酬体系を整備する必要がある。

品質管理については、機械主体からソフトウェア主体になることによる品質（ソフトウェア品質）の再定義や、検査基準や検収基準などを新たにつくり上げることなどが求められる。

● 求められるのは開発スピードを高めるための変革

　SDV化は、ユーザー・自動車OEM・異業種に対して8つのメリット（うれしさ）をもたらし、結果として自動車産業の拡大を上回るスピードで市場成長する見通しである。他方でプレーヤー間でのバリュープールの奪い合いや、サービスの同質化が生じていく懸念がある。そのような中、「開発スピード」を高めるためのバリューチェーン、エンジニアリングチェーン、サプライチェーン、そしてそれらを支える機能の変革が求められているのである。

クルマがスマートフォン化することの意味

　従来の自動車はエンジンやトランスミッションの性能など機械（ハードウェア）が価値の源泉であったが、SDV（Software Defined Vehicle、ソフトウェア定義車両）はソフトウェアが価値を左右することになる。SDV では、自動車 OEM（自動車メーカー）が、自身の提供する機能やサービスのソフトウェアのアップデート版を無線通信、すなわち OTA（Over The Air）により提供するだけでなく、ユーザー自身が欲しいと思う機能やサービスを、ユーザーが主体となって選択し、追加することができる。この考え方は、しばしば「クルマのスマートフォン（スマホ）化」と表現される。ここでは、スマホ産業の発展の経緯を簡単に振り返り、SDV へのインプリケーションを考えていきたい。

● スマホ産業の発展の経緯

　スマホという表現は 2000 年代初頭にキーボード付き携帯端末が登場したころから使われるようになった。電話機能を有するだけでなく、ビジネスメールへの対応やスケジュールの管理を携帯端末で容易にできるようになったことがヒットの要因の一つとなった。

　スマホが個人向けも含めて急速に普及するきっかけとなったのが、2007 年に大手コンピューター・携帯音楽端末メーカーから発売されたプレート型端末である。インターネットへの接続が容易になったこのプレート型端末は、これまでの端末にはない魅力的な UX（User eXperience、ユーザー体験）が、急速な普及につながったとされ

ている。

　同時期に米国の検索ソフト大手は、スマホ向け OS（Operating System、基本ソフト）をオープンソースソフトウェア（ライセンスは必要だが、無料で搭載できる）として公開。これにより、多くのメーカー（家電メーカーや新興企業など）がスマホ市場に参入できるようになった。

　両者とも端末購入後に OS をアップデートできる機能を備え、また、ユーザーが自身の気に入ったサービス（アプリ）を搭載（インストール）できるようにした。これは、当時としては画期的だった。ユーザーがアプリを選択できるようになったことで、ユーザーに気に入られるアプリを開発/販売しようと、多種多様な企業がアプリ開発ビジネスに参入、スマホを軸としたエコシステムが形成されるようになった。

　その後、スマホ端末自体も進化。パソコンを上回る性能の半導体が搭載され、プロ向けと同等レベルの画像を撮影できるカメラなども搭載された。スマホのハードウェアとしての機能が向上するにつれて、スマホのアプリも高機能化が進んだ。SNS（Social Networking Service、交流サイト）に代表されるコミュニケーションアプリも、普及当初はテキストのコミュニケーションが中心であったが、画像が多用されるようになり、動画共有も一般化した。また、半導体・通信の高度化もあり、映画など動画コンテンツをスマホで視聴する機会が増え、携帯電話と比べて端末を見ている時間が長時間化することにつながった。

　生体認証などセキュアな本人認証システムが導入されたことも、スマホ産業の発展につながったと捉えられる。これにより、クレジットカードシステムを活用したオンライン決済のみならず、電子

マネー・QR コード決済など、決済手段が多様化、Fintech（金融と IT が融合した技術）の勃興につながった。

　スマホの高機能化、アプリの多様化、動画コンテンツの拡充、本人認証システムの普及などに伴い、ユーザーがスマホの画面を見る時間は長くなった。これまで、人々がテレビや新聞・雑誌に費やしていた時間が、スマホへ移行することとなり、スマホの広告媒体としての価値が高まった。その結果、各種アプリにも広告を掲載することが一般的となり、アプリ事業者やコンテンツ提供者は、ユーザー・視聴者以外（広告出稿者など）から収入を得られるようになった。さらに、スマホの操作状況や閲覧状況などから、ユーザーの属性を推定することも可能になり、ターゲティング広告が有効性を高め、スマホの広告媒体としての価値をさらに高めた。

● 右肩上がりのアプリ市場

　英調査会社 Omdia によれば、最近のスマホの世界の出荷台数は年間約 12 億台で、その市場規模は約 45 兆 6000 億円（3000 億米ドル、1 米ドル＝152 円換算）に上る（**図表 A**）。上述した、プレート型端末が発売された 2007 年のスマホの世界の出荷台数は同約 1.2 億台。9 年後の 2016 年には同約 14.7 億台とピークを迎えたものの、その後はやや減少に転じ、ここ 5 年間はほぼ横ばいで推移している。

　スマホの販売台数の増加に伴って、契約回線数も増加した。プライベート用とビジネス用の 2 台を契約するなど複数の端末を保持するユーザーも存在することから、世界の契約回線数は 86 億回線[a]と、世界人口である 82 億（2024 年時点）[b]を上回る。1 回線当たりの回線料が月間約 3300 円（22 米ドル、同）とすると、スマホの普及に伴

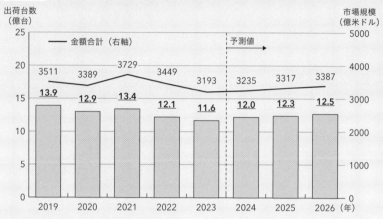

図表A　世界のスマホ市場規模・出荷台数の推移および予測

最近のスマホの世界の出荷台数および市場規模は、ほぼ横ばいで推移している。（出所：Omdiaの調査結果を基にPwC作成）

う通信市場は年間350兆円（2.3兆米ドル、同）と推計することができる。

　スマホ端末の直近5年間の出荷台数はおおむね横ばいであるものの、モバイルアプリの市場規模は、過去5年間、拡大基調にある。Omdiaによると2023年におけるモバイル向けアプリの世界売上高は約64兆4000億円（4237億米ドル、同）〔そのうち日本は約2兆6400億円（174億米ドル、同）〕、2026年には全世界で約87兆5400億円（5759億米ドル、同）〔日本は約2兆6600億円（175億米ドル、同）〕に伸びると見られている（**図表B**）。スマホ端末市場の成長は一巡しているものの、その後もソフトウェア、サービスといったアプリ市場は成長が続いている。こうしたデータから、スマホ市場は現在、スマホ端末自体の売り上げよりもアプリ収益の拡大を頼りに成長していることが見て取れる。

　この背景には、「パーソナライズの進展」と「スポンサーの変化」

図表B　世界のモバイル向けアプリ市場規模の推移および予測

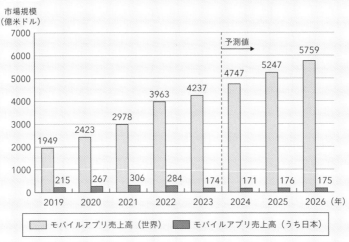

モバイルアプリの売上高は、世界では右肩上がりで伸びている。（出所：Omdiaの調査結果を基にPwC作成）

が大きな影響を与えたと我々は捉えている。

　一つ目のパーソナライズは、スマホのユーザーがアプリを自由に取捨選択できるようになったことで進展した。個人や中小事業者を含め多様なアプリ提供者、コンテンツ提供者が登場し、多種多様なサービス、コンテンツが供給されるようになった。さらに、アルゴリズムやAI（Artificial Intelligence、人工知能）の活用で、ユーザーの嗜好に合わせたコンテンツが供給されるようになり、結果として、スマホの閲覧時間が増えていった。

　二つ目のスポンサーの変化は、継続的なサービス提供を行うための資金の出し手が、ユーザー以外へとシフトしたことを示している。従来は端末のユーザー（サービスの利用者）がコストを負担するのが一般的であったが、上述のようにユーザーの閲覧時間が長くなっ

たことで広告媒体としての価値が上昇し、実質的には広告出稿者がアプリ提供者やコンテンツ提供者を経済的に支えるようになった。これにより、ユーザーのコスト負担が軽減し、サービスが広く利用されるようになった。この結果、現在では、世界のアプリ広告市場である約98兆8000億円（6500億米ドル、同）のうち、モバイル広告は約60兆8000億円（4000億米ドル、同）を占めるようになっている[c]。

● スマホ業界の成長から見るSDVへのインプリケーション

以上見てきたスマホ業界の成長の過程を参考に、今後のSDV業界を①SDVの普及、②パーソナライズ、③SDVを中心としたエコシステム、④安心・安全の4つの観点から考えてみたい。

① SDVの普及

日本自動車工業会によると、世界の自動車保有台数は16億3450万台（2022年）とされる[d]。今後は、SDVの投入車種数の増加、投入地域の拡大に伴って、既存の自動車が徐々にSDVへと置き換わっていくと予想される。我々は、2035年におけるSDVレベル3以上の販売比率を65%強と予想している。

SDVの価値の源泉はソフトウェアであり、ソフトウェアをOTAでアップデートできることこそが価値を左右する。こうしたSDVの拡大は、新しい通信端末市場の拡大と捉えることができ、SDVの普及に伴って、契約回線数は増加が見込まれる。高速移動の中での安定した通信品質の担保、インフラとの短距離低遅延通信など、SDVにはスマホとは異なるニーズがあり、1回線当たりの回線料はスマホとは異なる可能性もある。

また、ソフトウェアのアップデートが可能な SDV の中古車価格は、アップデートができない車両よりも高い水準が維持されると見られる。

② パーソナライズ

SDV ではスマホと同様、ユーザーが個々の好みに合わせてアプリを導入できるようになる。このことはドライバーや同乗者の体験向上につながるだろう。自動車による移動であれば、目的地が存在する。目的地に関する情報を提供するサービスや、目的地までの道のりを快適で充実したものにするサービスやコンテンツが人気を高めるかもしれない。また、外部と遮断されたプライベートな空間として、車両そのものが目的地化する可能性もある。実際、SDV の開発において、車両をエンターテインメント空間として捉えて開発しようとする企業も存在する。

③ SDV を中心としたエコシステム

スマホと同様のエコシステムに加え、SDV ならではのエコシステムが形成されると見込まれる。車両の情報をはじめ、エネルギー消費の状況、乗員の情報、車外の情報など SDV ならではのデータを収集できるようになると見込まれるためである。こうした多様なデータを生かして新たな価値を創造する企業の登場も期待される。一方、多様なアプリ開発業者の参入を促すためには、OS を共同化するなどの取り組みが必要となるかもしれない。現状、主要な自動車メーカーは独自の OS を開発しようとしている。アプリ提供者側の視点では、個々の OS への対応は開発効率が悪く、エコシステム

成長の足かせになると映る。加えて、スマホが広告を巻き込んだように、SDV のエコシステムでも収入源の多様化が必要となる。

④ 安心・安全

　SDV は人を乗せて高速で移動する。安心・安全に関してはスマホよりも格段に高い性能が求められる。ソフトウェアアップデートを通じて、「走る・曲がる・止まる」の基本性能が車両購入時よりも高度化することが期待される。また、インターネット経由で「自動車が外部から操作されない」「自動車から得られる情報が漏洩しない（匿名化して活用する）」といったデータセキュリティも高めていかなければならない。

参考文献

(a) 矢野経済研究所、「世界の携帯電話契約サービス数・スマートフォン出荷台数調査を実施（2023 年）」、https://www.yano.co.jp/press-release/show/press_id/3478#:~:text=2022%E5%B9%B4%E3%81%AE%E4%B8%96%E7%95%8C%E3%81%AE,4%2C503%E4%B8%87%E5%A5%91%E7%B4%84%E3%81%A0%E3%81%A3%E3%81%9F%E3%80%82

(b) 国際連合、「世界人口推計 2024 年版」、https://www.ipss.go.jp/international/files/WPP2024_Summary_JPN.pdf

(c) IMARC、https://www.imarcgroup.com/global-advertising-market
https://www.statista.com/topics/5983/mobile-marketing-worldwide/#topicOverview

(d) 日本自動車工業会、「日本の自動車工業 2024」、https://www.jama.or.jp/library/publish/mioj/ebook/2024/MIoJ2024_j.pdf

1-3

SDV を定義する

1-3-1
本書における SDV の定義

　SDV（Software Defined Vehicle、ソフトウェア定義車両）は、ソフトウェアにより自動車の機能が追加/更新されることを前提に設計・開発される車両のことを表している。そこには確かに「Vehicle（車両）」という言葉が含まれる。だが実際は、車両やモビリティ自体のみならず、モビリティの内と外（In-Car/Out-Car）、およびそこから導出されるユーザーへの価値提供という概念を包含した存在でもある。

　現在、SDV という言葉の扱いについては、主体となるプレーヤーそれぞれの視点で少しずつ異なる。筆者らは、SDV とは「車両」「モビリティ（乗り物）」よりも広い概念である「エコシステム」として捉えつつ、その中心はユーザーであると考える。

　よって本書では、SDV を「ソフトウェアを基軸にモビリティの内と外をつなぎ、機能を更新し続けることで、ユーザーに新たな価値および体験を提供し続けるための基盤（エコシステム）」と定義する。電動車〔HEV（Hybrid Electric Vehicle、ハイブリッド自動車）、PHEV（Plug-in Hybrid Electric Vehicle、プラグインハイブリッド自動車）、BEV（Battery Electric Vehicle、バッテリー式電気自動車）、FCEV（Fuel Cell Electric Vehicle、燃料電池自動車）〕は、SDV の構成要素（車両やモビリティの一つ）と捉えており、

電動化自体は SDV のための必須要件ではないと考える。

　一方、「コネクテッドカー」は、「専用短距離通信、セルラー通信接続、衛星通信、またはその他の無線スペクトル接続を介して他のネットワークまたはデバイスと通信するために、車載ネットワークハードウェアと車載ソフトウェアシステムを統合した自動車」として、SDV と同義とされる場合がある。しかし本書においては、コネクテッドカーもモビリティを示すものとし SDV とは呼称しない。ただし、コネクテッドカーは SDV を実現するためには最低限必要な要件であると考える。

● SDV の中心はモビリティではない

　SDV の中心はモビリティではなく、ユーザーそのもの、あるいはユーザーに提供する価値や体験であると捉えることが重要である。このため、モビリティやクラウド、その他関連する技術などはそのための手段として捉えることが肝要である（ **図表 1-3-1-1** ）。

　SDV に関係するプレーヤーは、自動車 OEM（自動車メーカー）、Tier1（第 1 層）サプライヤー、Tier2（第 2 層）サプライヤー（ソフトウェア関連ベンダーを含む）、半導体メーカー、OTA（Over The Air）サーバー事業者、その他サービス事業者、官公庁など数多く存在する。これらプレーヤーそれぞれの視点で SDV の捉え方は大きく変わってくるため、基盤すなわちエコシステム全体を SDV であると定義し、俯瞰（ふかん）することで、SDV 全体を正しく把握できると考える。

● 自動運転レベルと SDV レベル

　自動運転は SAE（Society of Automotive Engineers、米自動車技術者協会）に

図表 1-3-1-1　SDV の定義と全体像

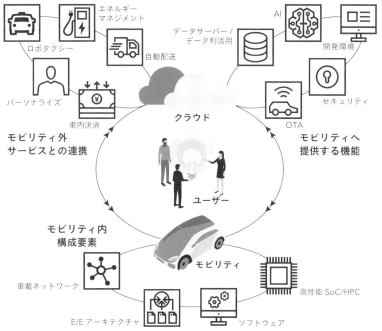

SDV の中心はユーザーであり、そのユーザーに対しモビリティやクラウドを介して新たな価値や体験を提供し続ける。（出所：PwC）

より 0～5 段階でレベル分けがなされている。国内においては、SAE のレベル分けを基に国土交通省が以下のように定義している（**図表 1-3-1-2**）[1]。

・レベル 1：アクセル・ブレーキ操作またはハンドル操作のどちらかが、部分的に自動化された状態

図表 1-3-1-2　自動運転レベル

Level 0	Level 1	Level 2	Level 3	Level 4	Level 5
運転自動化なし	運転支援車	高度な運転支援車	条件付き自動運転車（限定領域）	自動運転車（限定領域）	完全自動運転車
自動運転を実現するための技術（運転自動化技術）が何もない状態	アクセル・ブレーキ操作またはハンドル操作のどちらかを、部分的かつ持続的に自動化した状態	アクセル・ブレーキ操作およびハンドル操作の両方を、部分的かつ持続的に自動化した状態	決められた制限下（ODD）で全ての運転操作を自動化した状態。ただしシステムから運転者への引き継ぎに対応できる必要がある	決められた制限下（ODD）で全ての運転操作を自動化した状態	全ての運転操作を自動化した状態

運転者主体 　　　　　　　　　　　　　　　　　　　　　車両システム主体

自動運転レベルはレベル 1～5 の 5 段階。（出所：国土交通省の資料を基に PwC 作成）

- **レベル2**：アクセル・ブレーキ操作およびハンドル操作の両方が、部分的に自動化された状態。レベル2までは自動運転ではなく、運転支援車に位置付けられる
- **レベル3**：特定の走行環境条件を満たす限定された領域において、自動運行装置が運転操作の全部を代替する状態。ただし、自動運行装置の作動中、自動運行装置が正常に作動しない恐れがある場合においては、運転操作を促す警報が発せられるので、適切に応答しなければならない。レベル3より装置（システム）側が運転操作を代替するため、自動運転に位置付けられる
- **レベル4**：特定の走行環境条件を満たす限定された領域において、自動運行装置が運転操作の全部を代替する状態
- **レベル5**：自動運行装置が運転操作の全部を代替する状態

　運転操作の主体について、レベル1と2は運転者であり、対応車両の名称は「運転支援車」となる。レベル3の運転操作は自動運行装置主体であるものの、自動運行装置の作動が困難な場合は運転者

図表 1-3-1-3　SDV レベル

SDV レベルは、SAE が定める自動運転車のレベルと同様に、レベル 0 からレベル 5 で表現して定義する。車両自身の価値は、従来のメカ/ハードウェア主体から、ソフトウェア主体へと移行する。SDV としての価値は車両の内だけではなく、外のサービスにも及ぶ。（出所：PwC）

となり、対応車両の名称は「条件付き自動運転車（限定領域）」となる。さらにレベル 4 および 5 では、完全に自動運行装置が主体となる。レベル 4 対応車両の名称は「自動運転車（限定領域）」、レベル 5 対応車両の名称は「完全自動運転車」となる[1]。

　本書では、上記の自動運転レベルを参考に、独自の SDV のレベル分けを行い、0～5 段階のレベルを設定した（**図表 1-3-1-3**）。SDV は、上記で述べた自動運転レベルにおける「レベル 3」以上に相当すると考える。以下、各レベルを詳しく見ていこう。

レベル 0：Mechanical Controlled Vehicle（機械制御車両）

　エンジン機能などの一部で電気/電子制御される一方、主として機械部品が協調することで走行機能を実現する車両である。

レベル1：E/E Controlled Vehicle（電気電子制御車両）

独立したECU（Electric Control Unit、電子制御ユニット）が複数存在し、車両機能のE/E（電気/電子）化が進んだ状態。主にディスクリート部品で電気/電子的に制御され、比較的小規模なマイコンにソフトウェアが組み込まれたECUを搭載した車両である。

レベル2：Software Controlled Vehicle（ソフトウェア制御車両）

走行以外にモビリティに求められる機能が増えることでECU数が増加し、ドメインごとに切られたCAN（Controller Area Network）通信などの数Mbps（bit per second）の車載ネットワークによりバス管理された車両である。マイコンの規模も比較的大きくなり、SoC（System on a Chip）も一部で活用され、ソフトウェア規模も比較的大きい。無線通信経由でソフトウェアをアップデートするOTAが実装されても、カーナビやオーディオ、メディア関連機能などインフォテインメント系に限定され、リコール対応などのソフトウェアによる不具合修正は有線通信による対応が中心となっている。

レベル3：Partial Software Defined Vehicle（部分ソフトウェア定義車両）

ドメイン型E/Eアーキテクチャ[※1]（第2章2-6参照）によりECUの統合化が進み、統合した機能制御をHPC（High Performance Computing）用の大規模SoCが実現する。また、一部でビークルOS（Operating System、基本ソフト）やAPI（Application Programming Interface）の標準化が

※1　パワートレインやインフォテインメント、ADAS（Advanced Driver-Assistance Systems、先進運転支援システム）/自動運転などの機能要素、すなわちドメインを軸に構築するE/Eアーキテクチャ。

進む。車載通信も 100 Mbps から 1 Gbps 程度の車載 Ethernet 通信により高速化され、ドメインコントローラを中心にセントラル化が進む。不具合以外の機能追加および商品性向上のための積極的なソフトウェアアップデートが OTA により実施され、モビリティ販売以外の収益モデルも一部で取り入れられるようになる。なお、このレベルから SDV と定義する。

レベル 4：Full Software Defined Vehicle（完全ソフトウェア定義車両）

ゾーン型 E/E アーキテクチャ（第 2 章 2-6 参照）により機能が最適配置されて、拡張性が増加する。ビークル OS や API の標準化によりハードウェアとソフトウェアの分離（ディカップリング）が進み、クラウドベースの仮想開発環境やソフトウェアファースト開発などによるシフトレフト、すなわち上流側でのセキュリティ対策が加速する。また、ディカップリング効果を最大化するために、ハードウェアリッチに設計し、予約設計を実現する。車載通信も数 Gbps 以上とさらに高速化されることで、自動運転向けなどの大規模かつ高速データ通信も容易となる。機能追加および商品性向上のための積極的かつ高頻度な OTA ソフトウェアアップデートが実施されることで、購入後もモビリティの価値が保持され続ける。車両販売以外の収益モデルも構築されていく。

レベル 5：Software Defined Ecosystem（ソフトウェア定義エコシステム）

モビリティの内と外がシームレスに常時接続される。モビリティ

※2　機能要素（ドメイン）軸によらず、センサーやアクチュエーターの物理配置、すなわちゾーンに合わせて、最適に機能を配置する E/E アーキテクチャ。

内のソフトウェアアップデートのみならず、モビリティ外に移った
AI（Artificial Intelligence、人工知能）などの頭脳系制御の常時学習によ
り、運転時の挙動やサービスのユースケースを自動的に開発に
フィードバックし、新たなサービスの提供ならびに既存サービスの
継続的改善を繰り返すことで、市場およびユーザーニーズなどを常
に満たした状態とすることができる。

　インフォテインメント系ではモビリティによらず共通したアプリ
およびサービスが提供可能となり、モビリティの価値がソフトウェ
アおよびサービス側に大きく移行する。APIの標準化がさらに進
み、スマートフォン（スマホ）のアプリのように、一般ユーザーによ
る車両アプリの開発や販売が実現する。ハードウェアのプラグアン
ドプレイの容易性が高まることで、ハードウェアアップデートによ
る価値継続も可能となる。APIの標準化やSDK（ソフトウェア開発キッ
ト）のオープン化に伴い、スマホのアプリ開発のように一般ユー
ザーが開発に参画できる機会が増えることで、これまで以上にユー
ザーとモビリティとのタッチポイントが増加する。

　これまで「クルマいじり」といえば、メカ的な改造や既製品以外
の部品への置き換えが主であったが、開かれたソフトウェアにより
SDV時代のクルマいじりは自身やサードパーティがつくったソフ
トウェアを組み込むことで新たな機能や価値をユーザー自身で付加
することができるようになると考える。また、自動運転レベルが上
がることで、ユーザーが移動中に運転以外に時間を費やせるように
なり、これまで自動車を通じて提供していたサービスや価値が「移
動」から「時間や空間」に一気に広がることが考えられる。これら
により、モビリティ価値がエコシステム全体を通じて底上げされ、

ユーザー価値および体験を最大化およびアップデートし続けることができる。

　以上見てきたように、レベル0では、メカとハードウェアが主体だったが、レベルが上がるにつれ、ユーザーはソフトウェアやモビリティ外により多くの知覚価値（あくまで定性的なイメージとして捉える）を感じられるようになっていく。レベルが上がっても乗り物としての物理的な「乗り心地」や「操縦性」、「見た目（格好良さ）」に対するユーザーの選択は残るものと考えるが、SDVになるに従い「運転」に特化した価値のみではなく、「移動」や「空間・時間の過ごし方」から得られる価値を基準にユーザーは選択していくだろう。

参考文献

（1）国土交通省、「自動運転車両の呼称」、https://www.mlit.go.jp/jidosha/anzen/01asv/report06/file/siryohen_4_jidountenyogo.pdf

(1-3-2)
現状の SDV レベルと今後

　筆者らは、現状における世界のSDV市場についてSDVトップランナーがレベル4に達しており、おおむね「SDVレベル2からレベル3への移行期にある」と考える。つまり、従来の分散型E/Eアーキテクチャでナビやインフォテインメントに限定したOTAによるソフトウェアアップデートからドメイン・ゾーン型E/EアーキテクチャであるSDVへと進化を遂げている境目にあると捉えている。

図表 1-3-2-1　SDV の推移

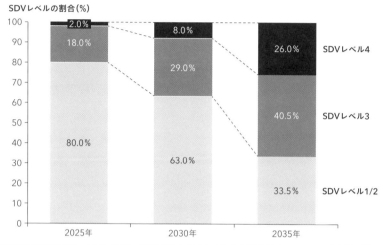

2030 年に向け SDV レベル 3 が拡大。2035 年にかけてレベル 3 は継続拡大し、レベル 4 も大幅に増加する。一方で、レベル 1 と 2 もコストセンシティブな市場においては一定数残る。(出所：各種予測情報およびエキスパート意見を基に PwC にて推計)

　実際、現在の SDV レベル 1/2 と SDV レベル 3 の合計は、SDV レベル全体の 98 ％以上を占めると推定される（図表 1-3-2-1）。電子制御を分散型 E/E アーキテクチャで対応しているものがなお多く残りつつも、機能別に統合した制御を行うドメイン型 E/E アーキテクチャへ徐々に移行しつつある。国内では、伝統的な自動車 OEM（伝統 OEM）は 2025 年前後からドメイン型 E/E アーキテクチャを採用し始め、以降フルモデルチェンジしたモデルでは同 E/E アーキテクチャへ移行していくと考える。一方で、伝統 OEM と比較すると近年誕生した新興的な自動車 OEM（新興 OEM）は、伝統 OEM のようなこれまで築き上げてきた機能ごとの ECU や技術がない代わり、リープフロッグ的に統合化およびドメイン型からチャレンジする場

合が多い。

　ドメイン型E/Eアーキテクチャの採用により、機能種別ごとの管理が容易になりOTAによるアップデートをドメインごとに行いやすくなる。こうしたSDVレベル3のフェーズにいる自動車OEM各社は、インフォテインメント系を中心に、一部の走行に関連する制御系（走行性能の向上、自動駐車機能の追加、自動車線変更機能の追加など）でもOTAでソフトウェアのアップデートを実施している。ただし、安全・安心を担保するためのソフトウェアアップデートの大半はまだ、カーディーラーによる有線接続である。これは、OTAによるソフトウェアアップデートでは実行の主体がアップデートを承諾および開始するユーザーにあり、カーディーラーとは異なり更新後の実車での機能チェックはできないためである。

　OTAでは適切なソフトウェアが適切な車両に配信され、ハードウェアや別の機能との組み合わせが適切であること、かつソフトウェアアップデートがサイバーセキュリティを含め安全に完了できることを、人の手を介さずに実行できる必要がある。このため、安全を重んじる機能においてはハードルが高い。ただし、今後のSDV競争に追従するには、こうしたソフトウェアアップデートの容易性と安全性の両輪をバランスを持ってユーザーへ提供できることが必要不可欠となる。

　一方で、これまで半世紀以上かけて安全や品質をつくり上げてきた伝統OEMにとっては、ソフトウェアに限らず市場に新たな機能をリリースする際、各種確認のプロセスやルールが数多くあり、これを制御系を含めてユーザー側の「インストール」ボタンに置き換えることがいかに困難であるかは想像に難くない。

さらに2030年前後からは、SDVレベル4の普及が加速する。伝統OEMから、SDVレベル4とみなせる車両の市場投入が始まると推測するからだ。ビークルOSがさらに広がり、ゾーン型E/Eアーキテクチャおよび機能の統合化が加速する。統合ECUやHPCは投入初期には部品費が高くなるため、高級車などのハイエンド市場から展開されると考えられる。しかし早晩、ある程度スペックを抑えた上でミドルレンジ市場といったボリュームゾーンも、五月雨式に展開されることが想定される。つまり、SDVレベル4であるビークルOSおよびゾーン型E/Eアーキテクチャ自体はハイエンドのみならず、早い段階でミドルレンジ市場へも展開されていくと考えられる。一方、一部の新興OEMは既にSDVレベル4に相当する車両をリリースしており、現在伝統OEMがそれを追いかける形となっている。

SDVレベル5に関しては、自動運転レベル5と同様に「何年ごろから実現するか」という予測が明確に立てられていないのが現状である。SDVレベル5は自動車のソフトウェア技術の進化のみならず、自動運転の進化、AI技術の進化、ソフトウェア開発のオープン化、それに伴うサードパーティの開発への新規参入、ハードウェアアップデータビリティ、国や認証機関によるルールづくり、インフラ整備、社会およびユーザーの需要性など様々な要素がそろうことでようやく達成できる状態だと考える。

また、スマホは十数年で新興国を含めグローバルに広がり、旧来型の携帯電話機をほぼ置き換えてしまったが、SDV市場に関して同じスピードでグローバルでゲームチェンジが起こるかというと「否」であると考える。携帯電話の平均使用年数は4.5年に対し、乗

用車（新車）は 9.1 年（2024 年 3 月時点）と約 2 倍の買い替えサイクルとなっている[1]。また自動車は中古車市場も大きいため、中古車も含め全てが SDV レベル 3 以上となるには、スマホの広がりに対して数倍のサイクルを要すると考えられる。ただし、低価格かつこれまでなかったような新たな機能やサービスが SDV により実現されるようになれば、ある特定の国や地域から一気にグローバルに広がることも考えられる。

● SDV の未来展望

　モビリティの未来を語る上で、SDV の存在は欠かせない。その SDV には、時々の社会情勢や経済状況、技術の進化状況、エンターテインメント的なトレンドやブームなどに合わせて、リアルタイムに変わり続ける「柔軟さ」と「しなやかさ」が求められる。

　SDV で先行する今の新興 OEM も、10 年先には伝統 OEM に近い存在となり、そこへさらに新たな新興 OEM やプレーヤーが生まれてくることが考えられる。伝統か新興かにかかわらず、変化の激しい現状を常に把握しながら、社会や市場が求めていることに対して柔軟かつ速やかに具体化していくことが重要である。そして、自社の強みを踏まえつつ、取り組むべき事項にしなやかに対応できる組織やビジネス体制をつくり上げることが課題となろう。加えて、自動車 OEM がオープンプラットフォーム化の波にうまく乗っていけるかどうかも、その後の生き残りを左右すると考えられる。

　なお、SDV の普及が落ち着いてきた近未来の市場では、中国を中心とする（現状では新興である）自動車 OEM は、既存の枠にとらわれない新サービスを次々と積極投入するビジネスモデルを展開してい

ると考えられる。欧州の自動車OEMが投入する高級モデルについ
ては、長年築いてきたブランドイメージや価値を生かした新しい
SDVサービスを提供していると予想される。

　これに対し日本においては、ボリュームゾーンに関してはグロー
バルに展開するSDVに合わせつつ、日本特有の軽自動車や小型
ファミリーカーなどに合わせた独自性を持ったSDVも展開される
のではないかと考える。国や地域特有のサービスや機能はガラパゴ
ス化と揶揄（やゆ）され、マイナスのイメージが付きまとう。しか
し、ボリュームゾーン以外においてはその国や地域の文化、地理環
境、独自ニーズに合わせたサービスを展開することも重要となるは
ずである。そのためにも柔軟な対応ができるソフトウェアによって
価値を提供できること（SDV化すること）が、よい意味でのガラパゴス
化に向かい、市場や時代にマッチしたサービスを展開するために必
要な要素だと言えよう。

参考文献

（1）内閣府、「消費動向調査 令和6年3月実施調査結果」、https://www.esri.cao.go.jp/jp/stat/shouhi/honbun202403.
　　pdf

1-4

電動化と自動運転との関係

1-4-1

SDV化による自動運転・電動化開発の加速

SDV（Software Defined Vehicle、ソフトウェア定義車両）において、電動化と自動化は「密に関連し合う」というよりは、「親和性が高い」という関係性が妥当であると、筆者らは考えている。ただしSDVのモビリティは、必ずしもBEV（Battery Electric Vehicle、バッテリー式電気自動車）である必要はなく、ICE（Internal Combustion Engine、内燃機関自動車）であっても成立し得ると考える。しかしながら将来、SDVレベルや電動化が進むにつれ、ICEはそのエコシステムから減少していくことになると、筆者らは想定している。

モビリティの電動化に伴い、部品点数は飛躍的に減少し、パワートレインがシンプルになることでアクチュエーター制御が比較的シンプルになる。そのため、大規模かつ複雑な自動運転制御開発に立ち向かうには、電動化していくことが有利となる。

自動運転制御については、機能進化の高速化、データ収集とリリース後の機能改善、セントラル化などの進化を支える最適なE/E（電気/電子）アーキテクチャ、開発のシフトレフトのためのCI/CD（Continuous Integration/Continuous Delivery、継続的インテグレーション/継続的デリバリー）、デジタルツインといった技術を考慮すると、ソフトウェ

図表 1-4-1-1　SDVと自動運転/電動化開発の関係

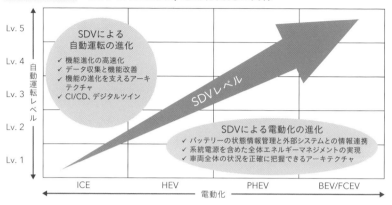

SDVは自動運転レベルの軸と電動化の軸で進化していく。（出所：PwC）

ア主体であるSDVとの親和性が非常に高くなる。

　電動化に関しても、バッテリーの状態情報管理と外部システムとのリアルタイム情報連携、系統電源を含めたモビリティ全体のエネルギーマネジメント、車両全体の状況を正確に把握できるE/Eアーキテクチャなどを考慮すると、SDVとの親和性が非常に高くなる。

　よってSDVレベルが高まるごとに、自動運転および電動化の両方の開発が加速していくと考えられる（**図表 1-4-1-1**）。

● 自動運転と電動化の取り組みの現状と課題

　伝統自動車OEM（自動車メーカー、以下伝統OEM）の多くが、ICE時代から長い期間をかけて技術革新を進めながら、技術力および対応力を育て、設計資産を積み重ねてきた。大規模な組織であることを生かした開発リソースや営業リソース、世界中に広がるサプライチェーンや販売チェーンなどを武器にして、SDV化や、自動運転

化、電動化を推し進めようとしている。

　現在、伝統OEMの中には、ICEからBEVおよびFCEV（Fuel Cell Electric Vehicle、燃料電池自動車）まで広く対応する方針を示している自動車OEMも存在する。また多くの伝統OEMはこれまで積み上げてきた設計資産やサプライチェーン、製造ラインおよび設備を活用するために、SDVレベル2における分散型ECU（Electronic Control Unit、電子制御システム）も多く残っており、ECU別に組織や製造拠点が分かれている場合が多い。こうしたSDVレベル2向けの体制のままで、ECUが統合化されながらE/Eアーキテクチャが大幅に変化するSDVレベル3のドメインコントローラーやレベル4向けのゾーン/セントラルコントローラー開発も並行して段階的に進めなければいけない。

　また、伝統OEMでは、現在SDVレベル2やICE、HEV（Hybrid Electric Vehicle、ハイブリッド自動車）を担う組織や生産拠点が大きな収益を得て、それを将来のSDVレベル3～4の開発を担う組織に投資しながらリソースの最適配分を行っている現状である。要するに、SDVレベル2までの収益構造の依存度が高いことから、組織構造もそれに縛られた状態でSDVレベル3以降の開発をせざるを得なくなっている。このことは、極めてハイレベルな挑戦や、社会や市場の変化に柔軟に対応するためのタイムリーかつスピード感のある投資判断に強い制約をかけてしまうことになりかねない。

　他方で、ここ十数年の間に設立された新興自動車OEM（新興OEM）は、創業当初からBEVのみを開発していることがアドバンテージとなる（**図表1-4-1-2**）。伝統OEMと比較すると、過去からの経験値、技術力、設計資産の積み重ねが格段に少なく、組織規模

図表1-4-1-2　SDVと自動運転/電動化開発における伝統OEMと新興OEMの位置取り

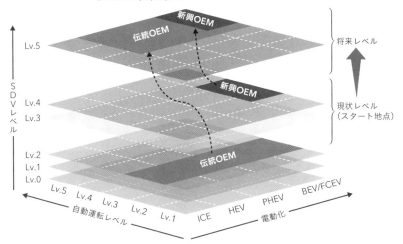

現在、伝統OEMはSDVレベル2の面に、新興OEMはSDVレベル4の面にいて、SDVレベル5を目指している。（出所：PwC）

も小さいことから開発や営業のリソースも限定される。しかし、それは「過去からのしがらみがない」ということでもある。伝統OEMのような、工程や技術ごとの縦割り組織の歴史が全くない上、過去のしがらみにもとらわれないため最適な組織をつくりやすく、それにより小回りが効いて、社会や市場の変化に柔軟かつスピーディーに対応しやすくなる。実際、こうした開発環境の中で、ドメイン型やゾーン型といった最適なE/Eアーキテクチャを集中開発してきた。

　しかしながら新興OEMは、ひとまず「走る車」を造れたとしても、人の命を確実に守るための安全面の方策が課題となる。当然、新興OEMもそのための技術開発に全力で取り組んでいるが、長期

にわたりモビリティの高い品質を担保しながら安全・安心を提供し続け、かつ多くの法規や各種規制を満たすには、過去からの経験・知見の積み重ねがないことから並大抵ではない努力を要している。この点に関しては、長年かけてグローバルにビジネスをスケールさせながら、多くの経験・知見を蓄積してきた伝統 OEM には一朝一夕では追いつけない部分である。

　よって、新興 OEM が伝統 OEM 並みに大きくビジネスをスケールするためには、安全・安心に関する知見や組織の在り方など伝統 OEM やサプライヤーの優れた部分を学びながら、自社にはないノウハウや経験を持った適切な人材を獲得していくなどの対応が求められる。

　とりわけ中国の新興 OEM などでは、伝統 OEM に比較し相当速いスピードで開発を進めているが、数世代の車両を市場投入すると少なからず市場での不具合やクレームを受けることになる。それらを通じて経験や知見を蓄積してより安全・安心な車両を投入できることになる一方で、準拠すべき社内設計/製造基準やその他ルールが増えることで、身軽である現状よりも開発スピードが鈍くなる可能性もあると考える。また、複数ある新興 OEM が統合/淘汰され一気にグローバルでスケールすることも考えられる。伝統系および新興系それぞれに強みや弱みがあるため、現状および将来をしっかりと見極め、それぞれで適切な対応を取ることが求められる。

　以上見てきたように、伝統 OEM と新興 OEM では、その生い立ちや状況が大きく異なるため、それぞれに適した方法で SDV 化、自動運転化、電動化が進行していく（ **図表 1-4-1-2** ）。現在、SDV レベルに関していえば、伝統 OEM は新興 OEM よりも下の段階にい

る。将来は、いずれも SDV レベル 5 に向かうことになるが、電動化
や自動運転化の取り組み方は異なってくるだろう。伝統 OEM は段
階的に減少するものの ICE、HEV、PHEV（Plug-in Hybrid Electric
Vehicle、プラグインハイブリッド自動車）を含む広い範囲で自動運転レベ
ル 3〜5 に対応し、新興 OEM は BEV を中心に自動運転レベル 4〜5
に取り組むことになると考えられる。

1-4-2
SDV 化と自動車サプライヤーの今後

　自動車のサプライチェーンには多くの企業が関わっている。特に
自動車 OEM が立地する地域では、サプライチェーンが地域経済に
おける重要な位置を占めている。電動化は地域経済の将来を左右す
る重要な課題であり、変化への対応に向けた産業構造の転換が自動
車産業集積地域には求められている[1]。

　自動車 OEM から部品やシステムを受注する自動車サプライヤー
は今後、伝統 OEM および新興 OEM の両者の戦略および状況を常
に正しく把握する必要がある。また両者に対応するか、どちらかに
寄り添うべきかは、自社が取るべきビジネス戦略などに応じて検討
していくことになる。特に製品ラインアップが多いメガサプライ
ヤーにとっては、基本的には両者への対応が求められると考えられ
るため、伝統 OEM に寄り添いつつも、新興 OEM に合わせたス
ピード感を持った開発および変化への対応が肝要となる。その際、
将来の市場では現在は想定しない課題が出てくることが考えられる

ため、「SDV に特化することを考える」というよりも「変化に柔軟に対応できる体制にしておく」ことの方が重要となるであろう。

● 今後採るべき戦略とは

　自動車におけるバリューチェーンは、素材から部品製造、車両製造、アフターサービスまで長いプロセスを形成している。従来のICE 製造においては車両製造、すなわち自動車メーカーがバリューチェーンをリードしてきた。これは ICE 製造には、数万点に及ぶ機械系部品のすり合わせが必要であり、そのためには自動車メーカーの全体設計やプロジェクト管理などの能力が必要だったからだ。結果、バリューチェーンは自動車 OEM を頂点としたピラミッド構造を取ることが効果的だった。しかしそれが EV（Electric Vehicle、電気自動車）となれば、そうはいかないのである。

　EV 化が進むにつれ、エンジン周りを中心に様々な部品が代替される（**図表 1-4-2-1**）。それに伴い、EV のバリューチェーンは、主に半導体、ソフトウェア、バッテリー（リチウムなどの素材調達を含む）、EV 専用部品（e アクスルなど）、汎用部品（ブレーキなど ICE 車でも利用している部品）、車両製造、アフターサービスで構成される。ただし、需要が拡大する EV 専用部品の代表例である e アクスルは、既に競争激化により利益獲得が難しくなっている。バッテリーにおいても、低価格化のトレンドの中、サプライヤーは事業性が見通しにくいことで苦しい立場に追い込まれている状況である。そこで、サプライヤーが着目すべきなのが、「ソフトウェアと半導体」である。

　将来、SDV 化が進んでいくと、モビリティ自身の価値は機械やハードウェアよりもソフトウェアの方が高くなっていく。つまりソ

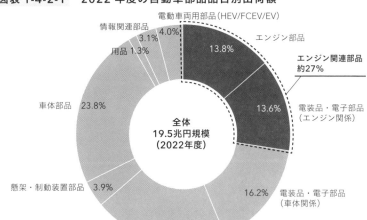

図表1-4-2-1　2022年度の自動車部品品目別出荷額

EV化が進むと、現在約27％を占めるエンジン周りの部品が代替されていく。〔出所：自動車部品工業会「自動車部品出荷動向調査結果」（2022年度）を基にPwC作成〕

フトウェアが利益創出の主な源泉となっていくのである。サプライヤーも、こうした動きにキャッチアップしていく必要があろう。しかし、SDVのバリューチェーンにおいては、車載ソフトウェア開発企業だけではなく、これまで自動車に関わってこなかったソフトウェア系企業もサプライヤーとして参入してくると予想される。そうした、新参サプライヤーとの競争になることも考えていかなくてはならない。

　「動くコンピューター」ともいえるSDVのモビリティが増えることで、半導体需要もICE時代よりも大幅に増加していくことになる。従って、サプライヤーも半導体の動きに追従していくことが重要となってくる。また、SDVにおいてはモビリティ自体に使用される半導体のみならず、モビリティの外のサーバーやAI（Artificial

Intelligence、人工知能）などに活用される半導体需要も多くなることが考えられる。

EV事業で利益を確保している、特定の海外自動車OEMは半導体とソフトウェアを内製化しているが、これは半導体とソフトウェアの利益を内包化し、利幅が薄い車両製造をカバーする仕組みを構築したものと見ることができる。

このような動きは、かつてパソコンやスマートフォン、液晶テレビのようなデジタル家電で起こった業界構造の変化と類似している。このような業界構造の変化が起こった際、多くの日本企業はその変化への対応に苦慮してきた。そしてSDV時代の到来により、自動車業界にも、それと同様な変化の波が押し寄せていることを意味しており、将来の生き残りをかけて新たな事業戦略を構築する必要がある[2]。

その事業戦略としては、半導体やソフトウェアの領域に投資することや、EV専用部品について規模の経済を生かしたボリューム戦略を採ることなどがある。一方、EV、ICEともに利用する汎用部品については、それらをロールアップする（複数の小規模企業を買収して企業グループの価値を高める）「ラストマン・スタンディング戦略」なども選択肢の一つである。

ともかく、自動車業界における構造変化は今も急速に進んでいるさなかである。自動車OEMとサプライヤーはともに、SDV時代における業界全体の優勝劣敗がまだ確定していない現段階から、自社の取り得る戦略オプションを精査し、ブラッシュアップしていくことが必要であろう。

なお、SDV市場におけるプレーヤーの広がりについては、第4章

「4-1　SDV を取り巻くプレーヤーとは」で詳しく解説していく。

参考文献

（1）PwC、「カーボンニュートラルに向けた自動車部品サプライヤー事業転換支援事業　電動化の国内サプライヤー生産影響分析」、https://auto-supplier-mikata.go.jp/supplier/wp-content/uploads/2024/02/jigyokeikaku_bunseki_240227.pdf

（2）PwC、「【2024 年】PwC の眼（8）EV 化における競争優位のポイントの変化」、https://www.pwc.com/jp/ja/knowledge/journal/next-generation-mobility/next-generation-mobility24-08.html

1-5

SDV の課題

1-5-1

SDV を構成する 10 要素と SDV レベル

本節では、SDV（Software Defined Vehicle、ソフトウェア定義車両）を構成する重要な 10 要素について、SDV レベルに沿って俯瞰（ふかん）する。10 要素は次の通りである。

❶ UX（2-1 参照）

❷ 収益構造（2-2・3 参照）

❸ アプリ/サービス販売（2-2・3 参照）

❹ クラウドインフラ（2-4 参照）

❺ コネクティビティ（2-5 参照）

❻ E/E アーキテクチャ（2-6 参照）

❼ ソフトウェア開発（2-7 参照）

❽ ソフトウェア構造（2-8 参照）

❾ サイバーセキュリティ（2-9 参照）

❿ 半導体（2-10 参照）

これら 10 要素はバリューチェーン軸（企画、開発、製造、販売、アフターサービス）、およびサービス、IT インフラ、車両軸にマッピングす

図表 1-5-1-1　SDV を構成する 10 要素

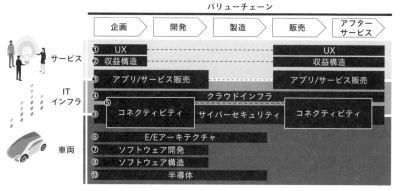

横軸はバリューチェーン、縦軸はサービス、IT インフラ、車両とし、10 要素をマッピングした。（出所：PwC）

ると 図表 1-5-1-1 のように表現できる。いずれの要素もバリューチェーンの川上から川下に広く分布される。また、サービスと IT インフラレイヤー、IT インフラと車両レイヤーとをまたがる要素も複数あるため、各要素を広く俯瞰することが重要だ。

　上記 10 要素は、SDV レベル（0〜5）に対応し、そのレベルが上がるに従い業界が広がり、要素技術が増えていく（ 図表 1-5-1-2 ）。現時点においては 10 要素としているが、技術が進化するにつれ、また SDV を見るレイヤー/プレーヤーによっては違った要素が SDV を語る上で必要となる可能性があるため、当該 10 要素をベースに自由に拡張していただけることを期待する〔例えば、現状「クラウドインフラ」「ソフトウェア開発」要素などに内包している AI（Artificial Intelligence、人工知能）技術を追加要素として加えてもよい〕。

　なお、筆者らが SDV であると定義するのは、第 1 章「1-3　SDV を定義する」で解説したように SDV レベル 3 以降であり、レベル 0

〜2 は SDV 以前の従来の自動車を示す。従来の自動車が 0 から 2 へレベルアップしていくごとに上記 10 要素を満たしていき、SDV と呼ばれる存在になるタイミングでは、特に UX（User eXperience、ユーザー体験）と収益構造に大きな変革が起こる。

　以降、本節では上記 10 要素について簡単に触れていく。詳細は第 2 章を参照してほしい。

1-5-2
10 要素による機能拡張

● 1. UX

　UX とは、「User eXperience」の略であり、「ユーザー体験」を意味する。言葉の定義については第 2 章で詳しく取り上げるが、要するに「製品やサービスを購入/利用することで、ユーザーがどのような価値や体験をそこから享受できるか」ということである。**図表1-5-1-2** が示すところは、SDV がレベルアップするごとに、ユーザーが享受できる価値に変化が生じてくるということである。

　先に述べたように、従来の自動車から SDV になるタイミングで、UX は大きく変わる。レベル 0 から 2 までは、ユーザーが享受できるのは、購入時から備わっている機能だけである。もちろん、ドライバーの好みでアクセサリーを追加する、カーナビの地図を更新するなどはあるが、それはあくまで購入時からの機能が変わるということではなく、そこへ追加していくということである。新機能が欲

図表 1-5-1-2　SDV レベルの 10 要素

	Mechanical Controlled Vehicle 0 (機械制御車両)	E/E Controlled Vehicle 1 (電気電子制御車両)	Software Controlled Vehicle 2 (ソフトウェア制御車両)
SDV Level	一部機能は電子制御されるが、多くの機能は機械的に制御	一部機能は独立した ECU の小規模マイコンおよびソフトウェアで制御され、多くは電気電子制御	多くの機能がソフトウェアで制御され、リコールなどの修正対応でソフトウェアアップデートする一方で、OTA はインフォテインメントのみで活用
UX	購入時の機能のみを通じユーザーへ価値を提供（低い UX 概念）		
収益構造	車両販売による収益化（売り切り）		
アプリ/サービス販売	(N/A)		自動車 OEM オリジナルのプラットフォームでアプリ / サービス数は少なく、利用者も限定的
クラウドインフラ	(N/A)	車両と独立する形で IT インフラが存在	診断情報などの静的データの部分的な活用。IT インフラとは疎連携
コネクティビティ	(N/A)	不具合修正時のみ有線にてソフトウェアアップデート（完全静的管理）	不具合修正時に有線でソフトウェアアップデートし、インフォテインメントに限り OTA によりソフトウェアアップデート（静的管理）
E/E アーキテクチャ	(N/A)	分散 / 独立した ECU	ECU 数が拡大し、CAN バスによる ECU ネットワーク管理
ソフトウェア開発	ウォーターフォール開発および手動でのソフトウェア実装および実機中心の評価		ウォーターフォール開発の最適化、シミュレーション活用、一部アジャイル適用
ソフトウェア構造	(N/A)	ハードウェア固有で再利用性が低いソフトウェア	一部 AUTOSAR 準拠により階層化され、再利用性が高められたソフトウェア
サイバーセキュリティ	(N/A)		CAN バス管理および外部接続に伴い、車両に対するサイバーセキュリティ対策が開始され、各国地域で法規 / 標準も整備
半導体	トランジスタ、リレー、ダイオードなどのディスクリート部品	小規模なマイコン	中・大規模マイコンおよび一部 SoC 化

拡張可能性

SDV

Partial Software Defined Vehicle （部分ソフトウェア定義車両） **3**	Full Software Defined Vehicle （完全ソフトウェア定義車両） **4**	Software Defined Ecosystem （ソフトウェア定義エコシステム） **5**
ドメインアーキテクチャにより ECU 統合化が進み、制御系を含め OTA により一部機能アップデートが可能	ゾーンアーキテクチャにより機能配置の最適化 / 拡張性が増し、OTA により制御系含む複数の機能アップデートにより新価値の継続的な提供が可能	モビリティの内と外がシームレスに接続され、エコシステム全体で常時最新かつ最適なサービスが提供され、ユーザータッチポイントが拡大
販売後もソフトウェアアップデートにより一部機能追加などで UX を提供	自動運転などの大規模な機能追加のためのソフトウェアアップデートや UI のパーソナライズ化により販売後も UX を向上	ユーザーがモビリティサービスに触れる時間が多くなり LTV（Life Time Value）向上に大きく寄与。市場状況 / ユーザー意見が常にモビリティサービス全体に反映されることで UX が常に高められる状態
モビリティ販売後にソフトウェアアップデートを通じた機能追加 / 改善による一部収益化（更新パッケージ売り）	モビリティ販売後に継続的なソフトウェアアップデートを通じた大規模な機能追加 / 変更、データプラットフォームを通じた収益化（更新パッケージ＋サブスク、データ売り）	モビリティ外のサービス領域での収益化が拡大し、モビリティ内も個人を含む販売元の多様化が進み、広告ビジネス、データ提供などによる無償化が拡大
自動車 OEM オリジナルのプラットフォームでアプリ / サービスが充実し利用者も一部拡大	複数の自動車 OEM もしくはプラットフォーマー共同のプラットフォームで各社共通のアプリ / サービスが充実し固定利用者も拡大	スマホアプリストアのように販売プラットフォームがさらに統合され、あらゆるモビリティ / 関連サービスで共通のアプリ / サービスが利用可能に
コネクテッドカーの増加に伴い、一部の個車データを市場データ分析に活用	新車市場の完全なコネクテッド化による、プローブデータの量的拡大に伴うビッグデータの高精度化、およびデータ利活用が加速	常時シームレス接続により、データ量 / 粒度 / 品質が向上。AI を活用したビッグデータリアルタイム分析による自動運転精度向上、予知保全、運行管理などエコシステム全体の管理が高度化
制御系も含む一部機能の追加 / 改善が OTA ソフトウェアアップデートにより実施され、頻度は年に数回程度（部分動的管理）	制御系も含む大部分の機能の追加 / 改善が OTA ソフトウェアアップデートにより実施され、頻度は 1 〜数カ月単位（動的管理）	モビリティの内と外が常時シームレスに接続されることで、ソフトウェアアップデートのみならずモビリティ内の AI による常時学習により、エコシステム全体で常に最新かつ最適なサービスの提供が可能
機能統合が進み、ドメインアーキテクチャおよび一部セントラル化に移行。一部 Ethernet により ECU 間通信が高速化	ハード / ソフトウェアディカップリングにより、機能配置の最適化 / 機能統合が進み、ゾーン型 E/E アーキテクチャおよびセントラル化を実現。ハードウェアリッチな設計による予約設計も増加。大部分が Ethernet により高速化	モビリティ外とのコネクティビティ向上に伴う通信の高品質化（冗長 / 低遅延）による、車載機能のモビリティ外移行。プラグアンドプレイによるハードウェアアップデートによるモビリティのさらなる価値継続
仕様が安定した製品はウォーターフォール開発で、仕様 / 要求の変化が激しい製品はアジャイル開発を多く活用。量産後開発に対し DevOps を活用	ハード / ソフトウェアディカップリングにより CI/CD および DevOps 開発が多くを占め、クラウドベースの仮想開発環境により、開発のシフトレフトが加速	ユーザーの開発への参加および市場要求の AI による半自動的な設計への織り込み、自動コーディング / 自動テストにより、ソフトウェア開発が変革
AUTOSAR 準拠領域が拡張され、一部でビークル OS、API 標準化が進んだソフトウェア	AUTOSAR 準拠、ビークル OS、API 標準化がさらに進み、車両型式 / 世代を超えた再利用性が最大化されたソフトウェア	モビリティの内と外、モビリティ間も抽象化され、エコシステム全体で捉えられるソフトウェア
OTA 接続する車載 ECU の増加、さらなる脅威の巧妙化に伴い、より高度なセキュリティ対策が必要、かつインフラも含めた相互運用性保証が必要	自動運転機能の拡大に伴うセーフティとセキュリティのより高度な連携とモビリティの内と外との常時監視による安心・安全の提供	SDV エコシステム全体の AI による常時監視および学習により、進化し続けるセーフティ / セキュリティシステムを実現
中・大規模マイコンおよび HPC 向け SoC	HPC 向け高機能 / 大規模 SoC	頭脳系半導体のモビリティ外への移行

縦軸が SDV を構成する 10 要素、横軸が SDV レベル（0〜5）を示し、マトリクスを組んでいる。レベル 0〜2 が従来の自動車であり、レベル 3〜5 が SDV である。（出所：PwC）

しければ基本的には新車を購入する必要があり、正規のアクセサリーの追加や修理、保守などが必要であれば、カーディーラーや自動車修理店などの店舗に行くしかない〔ただし、地図やナビ更新などのインフォテインメント機能は OTA（Over The Air）でも実施される場合がある〕。

それが、SDV レベル 3 以降、すなわち SDV になれば、OTA により販売後も制御系を含め一部機能追加を無線通信で提供していけるようになる。SDV レベル 4 以上になるとより多くの機能が OTA 対象となり、また同時に複数の機能追加/アップデートが可能となるため、新しい機能が欲しいといったときに必ずしも新車に買い替える必要がなく、またカーディーラーに通わなくても済むようになる。カーディーラーは自動車 OEM（自動車メーカー）にとってはユーザーとの重要な接点の一つではあるが、SDV 化に伴いソフトウェア更新や新たなアプリケーションの購入ごとにユーザーの動向や趣向を把握することができる。これを、販売後のユーザーとの小さな接点がより増えると捉え、自動車 OEM としてはその機会をどのように活用すべきかを考えることが重要だ。

また、SDV レベル 5 になるとより多くのサービスが展開され、今以上にユーザーがモビリティサービスに触れる時間が多くなることが考えられる。これは初期の携帯電話機が電話とメールの機能だけだった頃から、スマートフォン（スマホ）になり提供できるサービスが爆発的に拡張し、利用時間が格段に増えたことからも想像ができる。

● 2. 収益構造

SDV 化すると、車両自身やその機能に付加価値がある「モノ売

り」から、車両から提供するサービスが付加価値となる「コト売り」へと変わり、収益の構造にも変革が起きる。従来の自動車が車両販売による収益化、つまり「売り切り」であったところ、SDVになるとモビリティ販売後にソフトウェアアップデートを通じた機能追加での収益化が進み、追加機能ごとに機能パッケージ（例えば自動駐車機能など）を都度購入する場合と、一定期間定額で機能やサービスを利用できる「サブスクリプション方式」に大きくシフトする。

　SDVレベル3では、モビリティ販売後にソフトウェアアップデートを通じた機能追加および改善による一部収益化である「更新パッケージ売り」が多く採用されるだろう。

　SDVレベル4では、モビリティ販売後に継続的なソフトウェアアップデートを通じた大規模な機能追加および変更、データプラットフォームを通じた収益化（いわゆるデータ利活用ビジネス）が多くなる。レベル3での「更新パッケージ売り」に加え、サブスクリプションによるサービス提供や、SDVで収集される様々なデータを販売する「データ売り」が増加していくと考えられる。

　そしてレベル5では、モビリティ外のサービス領域での収益化が拡大。モビリティ内も、個人を含む販売元の多様化が進んでいく。さらに、スマホのようなサービス内の広告を利用し、広告クリックや閲覧を利用料金に充てる、リード提供する代わりに無償でサービスを提供するといった仕組みも導入されることが考えられる。また、パーソナライズ化や自動運転化に伴い、SDVレベルが上がるにつれSDV広告ビジネスもサービスの幅が広がることが予想される。例えば、自動運転により移動時間における運転時間が減り、仕事や趣味、エンターテインメントに時間を割けるようになる。その中で

個人に合わせたサービスや広告を組み込むことができるようになる。

● 3．アプリ/サービス販売

2で述べたように、SDVのレベルが上昇し収益構造に変化が起こることで、SDVというプラットフォームから提供されるサービスが多種多様になっていく。このことは、参入プレーヤーも同様に多様化していくことを示している。

従来の自動車であるレベル2では、自動車OEMオリジナルのプラットフォームが搭載され、そこからオリジナルのサービスやアプリが限定的ではあるが提供されるようになった。SDVレベル3の時点では自動車OEMオリジナルのプラットフォームから提供するサービスやアプリの種類が急増し充実していく。それに伴い、利用者も増加する。またオリジナルのサービスに加え、スマホとの連携を通じサードパーティのアプリ（地図、音楽、動画、ゲームなど）も自動車で利用可能となる。

SDVレベル4になると、自動車OEMオリジナルのプラットフォームから、複数の自動車OEMもしくは他のプラットフォーマーとの共同のプラットフォームに変わっていく（個別は徐々に淘汰されていく）ことが考えられる。それにより、各社共通のアプリやサービスが充実し固定利用者が拡大する。

SDVレベル5では、スマホのアプリストアのように、販売プラットフォームの統合化が進み、あらゆるモビリティおよび関連サービスで共通のアプリやサービスが利用可能になるためユーザーの利便性が格段に向上する。スマホ市場においてサードパーティの参入が増加し市場が急速に拡張した背景には、OS（Operating System、基本ソフ

ト）や販売プラットフォームがグローバルで共通化され、エコシステムが確立されたことにあると考えられる。SDV においても今後同様の流れに向かうことが考えられるが、開発ライフサイクルや複雑性の違いなどを考慮すると、スマホ市場とは異なる進化を遂げるかもしれない。

● 4. クラウドインフラ

SDV のプラットフォームはクラウド上に存在することが特徴で、インターネットによる無線通信を経由してのサービス提供や更新などを高頻度かつ継続的に行えるようになる。

従来の自動車においても、IT システムは活用されているが、レベル 1 では、車両と独立した形で自動車 OEM などの独自の IT システム（開発、製造、ディーラーなどにおける IT システム）が存在していた。

それがレベル 2 では、CAN（Controller Area Network）などの車内通信ネットワークが確立し、車内で収集した情報が車両診断機などを介して車外 IT システムと情報連携できるようになった。ただし、扱えるデータの種類・量や取得頻度は限定的であるため、車両と IT システムとは疎連携な状態である。

SDV レベル 3 以降は、コネクテッドカーの増加および車両で取得できるデータの急増に伴い、個車データをユーザーおよび市場データ分析に活用するようになる。

レベル 4 では、新車市場の完全なコネクテッド化によって、プローブデータ（車速、加速度、ブレーキ、走行位置、カーナビデータ、車外映像など）の量的拡大に伴うビッグデータの高精度化、およびデータ利活用が加速していく。自動車 OEM によっては、個人情報を除く車

両データをビッグデータとして公開する動きもある（ただし、ユーザーの承諾が伴う）。例えば電動車におけるバッテリーの充放電回数、環境温度、高度、搭載ソフトウェアバージョン、更新有無、走行距離、自動運転走行時間およびエリア、車内アプリの利用頻度などをオープンにすることで、ユーザーが独自でビッグデータ分析を行い独自サイトで公開し、ユーザー同士のネットワークが構築される。データを公開するだけで、自動車 OEM は何もせずともユーザーのリテンションや新規ユーザーの獲得につながったり、また将来の新機能/サービス開発につながるヒントを発見できたりする蓋然性が増す。

　そしてレベル 5 では、モビリティがクラウドに常時シームレスに接続するようになり、流通するデータ量や品質が向上し、粒度も細やかになる（例えば、マイクロ秒やナノ秒単位の車両挙動データ、周囲の点群データなど）。また AI を活用したビッグデータリアルタイム分析による自動運転精度向上、予知保全、運行管理などエコシステム全体の管理が高度化していく。これまでは、自動車 OEM が市場データ分析や将来予測を通じて新機能開発を行ったり、市場で不具合を発見したら時間をかけて、再現性確認、原因追及、改善検討、機能修正、試験したり、リコールなどの場合は当局への報告を通じてようやく市場へ更新ソフトウェアをリリースできたりしていた。ところが、機能がクラウド側に移行し AI により常時監視・機能改善されるようになると、スマホにおけるアプリやゲームのようにユーザーが意識しない間に不具合が解消されたり、機能が改善されたりするようになることが考えられる。

　当然のことながら、スマホと異なり安全・安心がより重視される自動車においては、法規制の関係で一定の制限はかかることが考え

られるが、SDV レベル 5 の世界に向けては技術開発の進化とユーザ
ビリティ向上、法制度の最適化が同時にバランスを取って進んでい
くことが求められる。

● 5. コネクティビティ

4 で述べたようなクラウドインフラの進化は、モビリティにおけ
るコネクティビティ（モビリティの内と外との通信接続性）を強めていく。
従来の自動車であるレベル 2 では、まだ診断機などの有線による通
信が主であり、機能の追加や向上ではなく不具合対応が主な用途で
あった。また、ナビや地図更新などのインフォテインメント関連に
限り、OTA によりアップデートを実施する。

SDV レベル 3 からは、制御系（「走る・曲がる・止まる」、自動運転系）も
含む一部機能の追加および改善が OTA ソフトウェアアップデート
により実施され、その頻度も年に数回程度に限られることが多い。

SDV レベル 4 では、制御系も含む大部分の機能の追加および改善
が OTA ソフトウェアアップデートにより実施され、その頻度は 1～
数カ月単位に増えるだろう。

そして SDV レベル 5 では、前述の 4 で述べたようにモビリティ
の内と外が常時シームレスに接続されるので、ソフトウェアアップ
デートのみならずモビリティ外での AI による常時学習により、エ
コシステム全体で常に最新かつ最適なサービスの提供が可能になる。

● 6. E/E アーキテクチャ

従来の自動車から SDV へと変わることで、機能ごとに複数存在
していた ECU（Electronic Control Unit、電子制御システム）が統合化され、

E/E（電気/電子）アーキテクチャが大きく変化する。ここでの E/E アーキテクチャとは、自動車に搭載された ECU、センサー、アクチュエーター、それらを接続するワイヤハーネスの全体の構造を指す。SDV は自動車のスマホ化と呼ばれることがあるが、スマホと自動車の違いの一つがこの E/E アーキテクチャではないだろうか。

　片手に収まるスマホでは、1 枚のプリント基板と呼ばれる電気回路を構成する板に半導体が実装され、そこにソフトウェアが搭載されて外部と通信したり、画面表示、音声出力したり、画面やマイクから入力を受けたりする仕組みとなっている。

　一方で自動車は、全長約 4m に及ぶ大きな機械構造体であり、その中にエンジン、モーター、バッテリー、ハンドル、ブレーキ、シフト、ライト、エアコン、熱マネジメントシステム、エアバッグ、通信機器、ナビゲーション、シート、ドア、ウインドー、それらをつなぐワイヤハーネスが縦横無尽に張り巡らされている。こう考えると、分散型の ECU から始まりそれぞれの機能の最適化を図ってきた経緯は至極自然な技術進化の流れであり、当然ながら否定されるべきものではない。

　また、どこまで行ってもこの全長約 4 m に及ぶ機械構造体が片手に収まるスマホのような構造体になることはなく、走行するため、車室快適性を保つため、そして安全性を保つためのアクチュエーター、多くのセンサーがなくなることもない。ただし、これまで分散型であった E/E アーキテクチャは機能ごとに統合され（ドメイン型）、さらには機能によらず物理配置的に統合され（ゾーン型）、その中心に高機能な HPC（High Performance Computing）が配置されることで複雑な制御を集約させる方向へと進んでいくと考えられる。

これまで、レベル2では、ECUが自動車に必要な機能ごとに配置され、高級車では車1台に100個近くものECUが搭載されている（例えば、パワーウインドーのモーターを制御するECU、車内のライトを点灯するECU、ガソリンをエンジンに送るポンプを駆動するECU、エアコンを制御するECU、エアバッグを作動させるECUなど）。これらの数多くのECUがセントラルゲートウェイと呼ばれるCAN通信ネットワークを構成するECUに接続されることで、車内通信が制御される。

SDVレベル3におけるドメイン型E/Eアーキテクチャとは、これまでレベル2では分散されていた多くのECUを関連する機能ごとに集約したものである。通常、「パワートレイン」「ボディエレクトロニクス」「インフォテインメント」「パッシブセーフティ」「AD/ADAS（Autonomous Driving/Advanced Driver-Assistance Systems、自動運転/先進運転支援システム）」といった4〜5のドメインに集約される。ここでの集約とは、物理的に1つのECUに統合する場合とネットワーク上でドメインごとに管理する場合の両方を含む。また、レベル3では部分的にEthernet通信を用い、ECU間通信も高速化する。

SDVレベル4になると、ゾーン型E/Eアーキテクチャ化が進行する。ドメイン型E/Eアーキテクチャと違いアーキテクチャの中心にセントラルECUを配置し、そこに車に必要な「頭脳」を集約させる。この頭脳は前述の4〜5のドメインの機能を統合し、車両全体の制御をつかさどる。また、セントラルECUの周辺にはゾーンECU（あるいはエリアECUとも呼称される）を車両の前方から後方にかけていくつか配置し、近くにあるセンサーやアクチュエーターと接続し通信する。

こうした統合（セントラル）化およびゾーン化に伴い、最も近くに

あるゾーンECUにセンサーやアクチュエーターを接続できるため、配線設計の自由度が増し、結果的にワイヤハーネスの長さ（重量）も最小化することができる。また、将来の機能追加を考慮し、あらかじめ拡張可能性を高めた設計や予約設計（販売時には実装しないが将来実装できるように設計しておくこと）をすることも多くなる。加えて、Ethernet通信が採用される範囲は広がり、車内通信がさらに高速化/最適化する。

SDVレベル5まで来ると、モビリティ外とのコネクティビティ向上に伴う通信の高品質化（冗長/低遅延）によって、これまで車内に搭載していた機能が車外へ移行していく。また、ソフトウェアのアップデートのみならず、ハードウェア（ECUやセンサー）も後から追加/変更できるようなプラグアンドプレイを通じ、販売後のモビリティの価値がさらに継続するようになる。

● 7. ソフトウェア開発

SDV化に伴い、開発の進め方も変わっていく。従来の自動車の開発では、ウォーターフォール開発（上流で仕様を固めた上でハードウェアおよびソフトウェアを設計し、それぞれのテストを経てリリースされる）および手動でのソフトウェア実装を行っていた。また、実機（機械・ハードウェア）中心の評価となっていた。レベル2になると、ウォーターフォール開発の最適化が行われ、シミュレーション活用や、一部でアジャイル開発（小さなサイクルで要件変更し、軌道修正しながら段階的にシステムを構築する）も適用していくようになった。

SDVレベル3になると、仕様が安定した製品は従来のようなウォーターフォール開発を、仕様および要求の変化が激しい製品に

関してはアジャイル開発を適用する。量産後の開発においては、開発（Development）と運用（Operations）をシームレスに連携する「DevOps」を実施することで、車両販売後に継続的にソフトウェアを開発、配信、管理できる。レベル2までは開発する車種ごとにソフトウェアを開発してきたが、レベル3以上になりソフトウェアファーストが加速すると、ハードウェアに対してソフトウェアを実装するという考えから、実現したい機能/提供したい価値に対しソフトウェアを開発し、新型車および販売済み車を問わず、順次車両へ展開するといった考え方となる。これは後述するSDVレベル4になりハードウェア・ソフトウェア分離が進むとさらに加速する。

SDVレベル4では、DevOpsの効果を最大化するために、ソフトウェアに対するテストやデプロイ、リリースといった作業を自動化して高速にプロセスを回すCI/CD（Continuous Integration / Continuous Delivery、継続的インテグレーション/継続的デリバリー）が活用される。また、DevOpsにセキュリティ対応を融合させたDevSecOpsも重要視されており、ISO/SAE21434（セキュリティ確保の要求事項をまとめた国際標準規格）などのセキュリティプロセスへの対応を同時に実現する。さらに、ハードウェア・ソフトウェア分離に伴い、クラウドベースの仮想環境での開発も加速し、開発工程の上流で車両やシステムモデルでの上位レイヤーやソフトウェアレベルでのテストを実施するシフトレフトに移行するようになる。

SDVレベル5では、スマホにおいて開発環境のオープン化が進んだことで、一般ユーザーが独自のアプリ開発をして販売することができるようになったのと同様のことがモビリティにおいても起こると考えられる。これに伴い、さらにモビリティとユーザーとの関わ

り方が変わり、また販売されるサービス数も爆発的に増加するだろう。前述の4および5で触れたようにモビリティ内外とのシームレスな常時接続やモビリティ外のAI進化に伴い、市場ニーズや車両不具合を自動的に検知および分析し、設計、コーディング、テスト、配信までが自動的に行われるようになるかもしれない。また昨今では、自動運転に関するソフトウェアソースコードをAIに置き換える動きがある。その場合、設計そのものやテストの考え方が根底から変わることになるだろう。

● 8．ソフトウェア構造

　従来の自動車からSDVに進化すると、ハードウェア主体からソフトウェア主体になることから、ソフトウェアの構造も大きく変わる。従来の自動車ではハードウェア固有（ECUごと）の組み込みソフトウェアが中心だった。これまで採用するマイコンに合わせてすり合わせで開発を行っていたが、車載ソフトウェア規模が増加するに従いハードウェアに合わせたすり合わせ開発が困難になった。そうした背景より、レベル2では一部で車載開発における共通開発プラットフォームであるAUTOSAR（AUTomotive Open System ARchitecture）に準拠することで、ソフトウェア開発の効率化が進んだ。

　SDVレベル3になると、AUTOSAR準拠領域が拡張され、一部でOSやAPI（Application Programming Interface）の標準化が進む。ここでのOSは、自動車OEM独自のビークルOSやAD/ADAS専用のOS、IVI（In Vehicle Infotainment）専用のOSなどを含む。

　SDVレベル4では、AUTOSAR準拠、ビークルOS、API標準化がさらに進み、車両型式や世代を超え、ソフトウェアの再利用性が

最大化。また、標準化に伴い従来の自動車 OEM やサプライヤーに加え、サードパーティ製のソフトウェアも流通し始めるだろう。

　SDV レベル 5 まで到達すると、モビリティの内と外、モビリティ間も抽象化され、ソフトウェアはモビリティだけではなくエコシステム全体を捉えるようになる。つまり、ソフトウェア構造もモビリティのある機能のソフトウェアという枠から、ハードウェアによらずモビリティの外のサーバーや仮想空間を含め、広い概念でソフトウェア構造を捉える必要がある。

● 9.　サイバーセキュリティ

　SDV 化によりモビリティがインターネットにつながるようになれば、当然、パソコンのようにハッキングやマルウェア攻撃といったリスクにさらされる。人を乗せて走るモビリティにおいては、そうしたリスクを看過してしまえば、極めて多くの人の命を脅かすことになる。よって、SDV においてサイバーセキュリティへの対策は極めて重要である。

　従来の自動車において、CAN による通信管理およびコネクテッド化に伴い、通信ネットワークを介して外部から攻撃される蓋然性が高まった。それに従い車両に対するサイバーセキュリティ対策が開始され、国連欧州経済委員会の自動車基準調和世界フォーラム（WP29）における UN-R155（CSMS、Cyber Security Management System）/ UN-R156（SUMS、Software Update Management System）、ISO/SAE21434 などセキュリティに対する法規および標準が整備されてきた。

　SDV レベル 3 になると、OTA 接続する車載 ECU が増加するため、脅威が拡大すると同時に攻撃の巧妙化も進む。そのため、より

高度なセキュリティ対策が必要となり、インフラも含めた相互運用性（Interoperability）保証が求められる。ここでの相互運用性保証とは、モビリティの内と外との連携性およびエンドツーエンドでのテストやセキュリティ確保を通じた、全体における保証を指す。通常モビリティの内と外では開発部門や会社が異なる場合があり、それぞれでは成立していても両者を接続した際に不具合や想定外の挙動が発生する場合がある。そのため、相互運用性を誰が責任を持ち、どのように保証するかを考えることは大変重要である。

SDV レベル 4 では、自動運転機能の拡大に伴うセーフティとセキュリティのより高度な連携と、モビリティの内と外との常時監視による安全・安心の提供が必要となる。自動車のセキュリティで最も恐れられるのが車両制御機能の外部からの乗っ取りである。パソコンやスマホのサービスにおいても、ID やパスワードの漏洩などにより第三者に乗っ取られてデータを書き換えられたり、個人情報などを盗まれたりすることがある。モビリティにおいて車両制御機能を乗っ取られるということは、走行しているモビリティが第三者に自由に操られてしまうことを指す。これは、自動運転レベルが上がるにつれより脅威となるため、自動運転といった新たな価値を安全に広く提供するには、守りの領域であるセキュリティを徹底的に突き詰める必要がある。

SDV レベル 5 では、モビリティの内と外を網羅的に捉え、SDV エコシステム全体にわたって AI などを活用し、攻撃や脆弱性を常時監視し、DevSecOps および CI/CD を活用し自動的にセキュリティ性を高める。これにより進化し続けるセーフティ/セキュリティシステムが実現されるようになる。

● 10. 半導体

　SDV 化する中で半導体も進化し続け、車載用半導体の在り方も大きく変わってくる。従来の自動車の車載用半導体といえば、トランジスタ、リレー、ダイオードなどのディスクリート部品が中心であり、レベル 1 でエンジン制御などに特化した小規模マイコンが登場する。レベル 2 になると、マイコン制御の規模が少しずつ大きくなり、それぞれの ECU で実現したい機能に合わせて様々なタイプのマイコンが登場するようになる。また ASIC（Application Specific Integrated Circuit、特定用途向け集積回路）のように特定用途向けにハードウェア回路のみで機能を実現する半導体も多く活用される。さらに機能規模が多くなるにつれ、一部は SoC（System on a Chip）化、すなわち複数のチップで担っていた多くの機能を 1 チップに集約し始めるようになる。OTA 用の通信 IC（Integrated Circuit、集積回路）やインフォテインメント用 IC は、パソコンやスマホなど向けにつくられていたものを車載向けに転用する場合もあり、その際は車載への適合（耐久、品質、安全性、きめ細やかな対応など）が課題となる。

　SDV レベル 3 や 4 では、マイコン規模はさらに拡大し、HPC 向けにさらに高性能な SoC が採用されるようになる。また、自動運転などで必要となる高度な画像・映像処理にはゲーム開発で培われたグラフィック処理技術を極めた半導体が採用されており、そういった技術に対し門外漢である自動車 OEM やサプライヤーにとってはチャレンジングな開発となる。また、半導体の微細化は現時点ではムーアの法則（半導体の集積度が約 2 年ごとに倍増するという法則）に従い進化を遂げており、小型化・高密度化には極めて重要である。

そしてSDVレベル5に到達すると、前述の通りモビリティの中で制御していたものがコネクティビティの進化に伴いモビリティの外へ移行する。それに伴い、頭脳をつかさどる半導体もモビリティの外へと移行する。スマホやパソコンで使うAIや映像、音楽、ゲームなどは、その箱の中ではなくクラウドサーバーにあり、その頭脳である半導体も多くはサーバー側にある。人を乗せて走る自動車と手の中に収まるスマホでは1対1での比較はできないかもしれないが、「走るスマホ」であるSDVも同様の流れになると考えることは、至極自然なことではないだろうか。

ここまで述べてきたように、SDVを10の要素に分解しさらにレベルごとに定義することで、SDVをより明確に具体化できることが分かる。また各要素において「我が社はソフトウェア開発においては既にSDVレベル3だが、収益構造ではSDVレベル2だ」であるとか、「同じ社内でも、ある部門はソフトウェア構造においてはSDVレベル3だが、別の部門ではSDVレベル2だ」といったことも起こり得るだろう。同じ会社の中でも、現状が1つのレベルにきれいに縦一線にそろうことは恐らくなく、またそうである必要もない。各社が必要な粒度で正しく現状を把握し、3年後あるいは5年後に目指すレベルを決める際の基準として活用することで、より具体的な目標設定や現状とのギャップ分析につながる。ギャップから課題を抽出し、必要なプロジェクト活動へと昇華するといった流れに活用することで、より具体的にSDV化を推し進められると考える。

第2章

SDV時代へ、
10の課題解決

2-1

UX

2-1-1

SDV における UX のイメージ

UX（User eXperience、ユーザー体験）という言葉については、様々な有識者が定義を唱えており、解釈が千差万別であることも珍しくない。その中で、国際標準化機構（ISO）の ISO 9241-210「Ergonomics of human-system interaction -- Part 210: Human-centred design for interactive systems」〔日本産業規格（JIS）は JIS Z 8530「人間工学－人とシステムとのインタラクション－インタラクティブシステムの人間中心設計」〕規格では、UX を「Person's perceptions and responses resulting from the use and/or anticipated use of a product, system or service（製品、システム、サービスを使用した、および/または使用を予期したことに起因する人の知覚や反応）」と定義している。

一方で、UX は対象とする範囲が広く概念的なものであるため、言語で明確に定義することは難しい。実際に世界の専門家 30 人が UX について議論した結果をまとめた『UX 白書』（2010 年）においても、「UX を一つに定義できない」という宣言から始まっている。

そこで、本節では SDV（Software Defined Vehicle、ソフトウェア定義車両）がつくるエコシステムによって、どんな UX がもたらされ、ユーザーはどんな価値（サービス）を得るのか、を見ていく（**図表 2-1-1-1**）。

2-1 UX

図表 2-1-1-1 UX の視点で見た SDV の捉え方

SDV とは、ソフトウェアを基軸にモビリティの内と外をつなぎ、機能を更新し続けることで、ユーザーに新たな価値および体験を提供し続けるための基盤（エコシステム）である。（出所：PwC）

2-1-2 SDV 化に伴う UX の変化

● UX が購入時から変わらない「レベル 0〜2」

SDV のレベルに沿った、過去から未来までの UX の変化を **図表**

図表 2-1-2-1　自動車の進化に伴う UX の変化

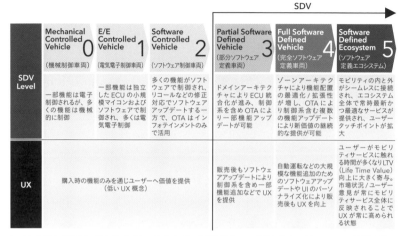

レベル 3 以上が SDV。それまで（レベル 2 まで）は購入時の UX が変わらないが、レベル 3 以降は購入後に UX の変更や追加が可能になり、UX は大きな価値を占めていく。（出所：PwC）

2-1-2-1 に示す。レベル 0 から 2 までは、購入時の機能のみがユーザーに価値として提供されてきた。その場合、10 年ほど自動車を使用していると、市場状況の変化によってユーザーの自動車に対する期待が高まるものの、サービスや機能が変化しないというギャップが生じていた。例えば、日本の自動車 OEM（自動車メーカー）は 2015 年ごろから、予防安全機能を搭載する動きがあった。しかし、それ以前に自家用車を購入したユーザーにとっては購入時の機能から変化せず、改めて該当機能を搭載した車両を購入しなければならなかった。

● ユーザーの好みに応じて機能を追加できる「レベル 3」

　レベル 3 では、販売後もソフトウェアアップデートによって、制

御系を含め一部機能追加などで新たな UX が提供されるようになる。先進的な自動車 OEM は、ソフトウェアアップデートを通じて一部制御系機能の追加が可能となり、ユーザーは好みに応じて AD（Autonomous Driving、自動運転）や ADAS（Advanced Driver-Assistance Systems、先進運転支援システム）などの機能を追加できる。

また、新興の自動車 OEM では OTA（Over The Air）によるソフトウェアアップデートで EV（Electric Vehicle、電気自動車）のバッテリー容量の増加や、アンチロックブレーキシステムを改良することによる制動距離の改善、オートパイロット機能のリコール対応を実施した事例などがある。

● 新たなモビリティ体験が提供される「レベル4」

レベル4になると、自動運転などの大規模な機能追加のためのソフトウェアアップデートや、UI（User Interface）のパーソナライズ化によって販売後も UX を向上できるようになる。例えば、運転体験の高度化に関わる「走る・曲がる・止まる」といった基本的な操作性が、ソフトウェアの更新によってパーソナライズ化されることも期待される。

特に、自動運転により SDV にもたらされる UX の領域が大きく拡張される。自動運転化が進む（自動運転レベルが上がる）ことで運転者が運転に費やす時間が減少し、運転以外に費やす時間が増加する。例えば、これまで運転していた時間を、仕事やエンターテイン

※ OTA によるバッテリー容量の増加は、もともとその容量までのバッテリーを積みながら、ソフトウェアで制限をかけていた。その制限を課金により OTA で外し、本来のバッテリー性能を引き出すという仕組みで実現している。

メント（読書、ゲーム、映画…）、運動、睡眠などの時間に費やすことができるようになる。また、このような時間は公共交通機関とは違ったプライベートな空間での質の異なるユーザー体験である。

このように自動運転の進化によって、従来のモビリティの枠組みを超えたサービスが提供できる余地が生まれ、様々な異業種と連携することで新たなモビリティ体験が提供されるようになる。

● ユーザー自身がサービスを創り出す「レベル5」

さらに先の未来を見据えると、ユーザーがモビリティサービスに触れる時間が長くなり、LTV（Life Time Value、顧客生涯価値）の向上に大きく寄与するようになる。また、市場状況およびユーザーの意見が常時モビリティサービス全体に反映され、UXが常に高められる状態となる。そこでは、ソフトウェアの更新が高頻度かつ大規模になり、さらに異業種連携が進むことで、SDVによって構築されるエコシステムがより高度化する。それにより、モビリティの利用中のみならず利用外においても魅力的なサービスが多数生まれる。

SDV化が進むモビリティはよくスマートフォン（スマホ）と比較されるが、スマホではサービスの使用状況のデータや位置情報、ユーザーからのフィードバック情報などが収集・分析されることで、より魅力的なサービスが提供され続けている。同様にモビリティもSDV化が進むことによって、モビリティに関する利用データやユーザーフィードバックなどが収集・分析され、ユーザーニーズが常にサービスに反映される世界が来ると想像できる。

加えて、SDVによるエコシステムがより多様化・高度化することで、アプリケーションストアのようなプラットフォームにユーザー

がモビリティサービスを提供してマネタイズするなど、ユーザー自身がモビリティサービス（アプリケーション）を創り出すことも想定される。

2-1-3 従来のモビリティの枠組みの中で進化するユースケース

UXのレベルが4、5に進化した世界では、以下に紹介するようなユースケースが生み出されると考えられる。

● 運転体験のパーソナライズ化・シェア

「走る・曲がる・止まる」の基本操作をドライバーの好みに合わせて調整することで、ドライバーは好きな場面で好きな乗り味のモビリティを体験できる。加えて、好みの乗り味を他人にシェアすることや著名人がカスタマイズした乗り味を、自身のモビリティで試してみることなどができるようになる（ **図表 2-1-3-1** ）。

● 車両空間のパーソナライズ化

モビリティが個人を識別することで、シートポジションやミラー角度、エアコン設定、音楽のプレイリストといった車両空間に関わる設定が、個々のドライバーや走行環境に合わせて調整される。ユーザーの手動によるカスタマイズが不要となり、快適な車両空間がもたらされる。

加えて、コックピットの表示内容やEVにおける走行音の変更な

図表 2-1-3-1　運転体験のパーソナライズ化・シェア

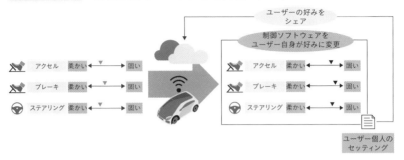

アクセルやブレーキ、ステアリングの操作感をユーザーの好みに変更し、またそれをシェアすることが可能になる。（出所：PwC）

ども、パーソナライズ化することが想定される。

● AIアシスタントの進化

　スマホに搭載されているようなAI（Artificial Intelligence、人工知能）アシスタントが、モビリティに実装される。ドライバーがAIアシスタントと音声でやり取りすることで、運転中でもモビリティの様々な機能操作をこなせるようになり、安全性が向上する。例えば、エアコン操作やスマホのメールの読み上げ・返信など、AIアシスタントがドライバーに代わって色々な操作をしてくれる。

● 観光とガイドサービス

　AIを活用した観光ガイド機能が搭載され、目的地に到着する前に周辺の観光スポットやレストランの情報が提供される。これにより、旅行がより楽しく、充実したものになる。例えば、最近は生成AIにも対応する車載向けSoC（System on a Chip）も開発されており、

モビリティ自らが観光とガイドサービスを提供してくれることも期待される。

2-1-4 従来のモビリティの枠組みを超えた ユースケース

さらに、自動運転の実現やモビリティ利用データの収集・分析・活用が進むと、以下のユースケースが生み出されることが想定される。モビリティの「利用中」と「利用外」に分けて見ていこう。まずは、利用中を見ていく。

● エンターテインメントとリラクセーション

車内を、映画鑑賞や音楽ストリーミング、ゲームなどのエンターテインメントを楽しむ空間として活用する。それにより、長時間の移動も快適に過ごせるようになる。例えば、AR（Augmented Reality、拡張現実[※1]）ゴーグルを用いて移動と連動するゲームや、モビリティの窓に搭載された AR/VR（Virtual Reality、仮想現実[※2]）を楽しむことができる。また、VR 上でモビリティの実部品（アクセル/ブレーキ/ステア）を操作してバーチャルな移動を体験できるような未来も想像できる。

他にも、停車中に車外の壁などに映像を投映して、エンターテインメントを楽しむことなども提案されている。

※1　AR：現実世界である実際の映像に、デジタル情報（画像、動画、文字、音声など）を重ね合わせて表示し、現実が拡張されたように体感させる技術。
※2　VR：存在しないデジタルな情報（画像、動画、文字、音声など）を現実で起こっているかのように体感させる技術。

● 健康管理とウェルネス

モビリティ内のセンサーや AI 技術を活用して運転者の健康状態をモニタリングし、適切なタイミングで休憩を促す機能を搭載することにより、長時間の運転による疲労を軽減し、安全性を向上させる。車内のセンサーを活用して個人の生体データを収集・分析することも可能だ。このデータを活用し、シートを通して最適なマッサージ機能を提供するといったサービスも考えられる。

● リモートワークと会議

高速インターネット接続と高度な通信技術を活用して、モビリティ内をオフィス空間として利用。ビデオ会議やリモートワークがスムーズに行えるため、移動中でも生産性を維持できる。

● スマートホームとの連携

自車の位置情報を基にスマートホームとモビリティが連携し、自宅が近くなった時に家の照明やエアコン、セキュリティシステムを操作する。帰る前にモビリティがドライバーの情報を基に、ドライバーの好みに合わせた最適な環境を自動で整えることができる（**図表 2-1-4-1**）。

● 車内決済

車載のインフォテインメントシステム経由で、駐車料金や給油料金、充電料金、洗車料金、通行料金などの車両関連サービスの料金を、モビリティから降りることなく支払える。こうした機能は、既

図表 2-1-4-1　スマートホームとの連携

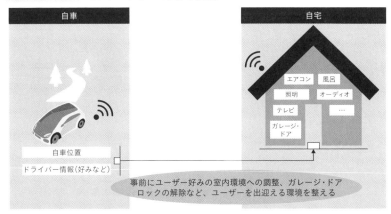

家に到着する前に、モビリティの中からエアコンや照明をつけたり、ガレージのドアロックを解除したりすることができる。(出所：PwC)

に欧州の自動車 OEM が導入しており、今後の普及が期待される。

● **車両走行データの活用・運転の高度化**

走行中のデータを大量に集め、サービスに利用する。一例として「プローブカー」では、多数のモビリティから得られる交通情報や周辺環境の情報をセンターで集約・分析し、多くのドライバーにリアルタイムで高精度な道路情報を提供できる。

続いて、モビリティの利用外におけるユースケースを見ていこう。

● **特定の SDV ユーザーだけのコミュニティを形成**

既に一部の新興自動車 OEM（新興 OEM）では、モビリティを利用していない時にもユーザー体験を提供している。例えばオンライン

では、特定の自動車 OEM のカーオーナーのみが利用できる SNS（Social Networking Service、交流サイト）アプリケーションを利用し、ユーザー同士が交流することでロイヤルティーを向上させている。

オフラインでは、カーオーナーのみが入れるコワーキングスペースやカフェ、ミニ図書館、キッズスペースなどのリアル空間が提供され、イベントも頻繁に行われる。そこでは、アプリケーション内でためたポイントを使って EC（Electronic Commerce、電子商取引）で買い物ができたり、提携するカフェが利用できたりと、アプリケーションがオンラインとオフラインのハブとなって顧客のロイヤルティーを高める。

● SDV がデータセンター・計算センターに

SDV は高速通信、高性能の処理を行うことができるため、モビリティを使っていない時に計算資源として使うことも考えられる。新興 OEM の中では駐車中に仮想通貨のマイニングをするモビリティの開発も進んでいる。マイニングは多くの電力を消費するため、EV の充電中に仮想通貨をマイニングするというものだ。

● SDV が発電所に

モビリティ（EV）が電力会社の電力系統に接続し、電気を相互利用する V2G（Vehicle to Grid）は実用化に向けての取り組みが行われている。発電量が多い時にはモビリティに電力を保存し、発電量が少ない時に電力系統に接続しモビリティの余った電力を供給する仕組みだ（**図表 2-1-4-2**）。モビリティの所有者にとって、余った電力を売ることができるサービスが近い将来に実現するだろう。

図表 2-1-4-2　SDV が発電所になるケース

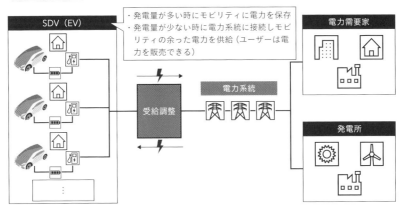

発電量が多い時にモビリティに電力を保存し、発電量が少ない時に電力を供給する。（出所：PwC）

2-1-5　サービス開発のオープン化とユーザーの開発参加

　ここまでで見てきたような SDV 化に伴う異業種との連携による多様なユースケースや、UX が常に高められる状況の実現に向けては、以下が重要なポイントになる。

● 車両データやユーザーの意見が開発に反映される

　従来の車両開発はプロダクトアウト的な思考で機能を定めてきた。理由の一つとして、開発者とユーザーの距離が遠いことがあり、営業やディーラーを通してユーザーの声を集めていた。一方、SDV 化に伴い、車両データが収集できるようになることや、スマホのアプリへのフィードバックのようにコネクテッド機能から直接

フィードバックが送れるようになることが、今後 UX を継続的に高めていく上で重要となるだろう。

● ユーザーがサービス開発に参加する

自動車 OEM が開発環境をオープン化することにより、ユーザーがサービス開発に参加することが想定される。米国のテックジャイアントが、スマホのアプリケーションやサービスの開発環境をオープン化した背景は様々考えられるが、大きな要因としてプラットフォーム（エコシステム）の競争力向上が挙げられる。実際に開発環境をオープンにすることで多様なアイデアや技術が集まり、革新的なサービスの創造を加速させた。

モビリティサービスの開発においても、同様の流れが想定される。今後、モビリティはよりソフトウェアに価値が移動し、いかにユーザーニーズに沿ったサービスを提供できるかが競争力の源泉となる。そうなると、自動車 OEM 各社は競争力を向上させ、自社のモビリティを活用した多様なサービスを提供するために、開発環境をオープン化することが想定される。

例えば、新興 OEM が発表したプログラムとして、開発したモビリティの上で動作するアプリケーション・サービスを開発する環境を、オープン化した事例がある。そのプログラムでは、社外のクリエイターやデベロッパーが、自由にモビリティ上で動作するアプリケーションやサービスを開発できる環境を提供することに取り組んでいる。

さらに、開発者向けにローコード開発プラットフォームの提供も始まっており、専門知識のない人でも SDV のアプリケーションを

開発することができるような環境が、近い将来普及していくことが
想定される。

収益構造・アプリ/サービス販売

2-2・3-1
SDVならではのビジネスモデルとは

　SDV（Software Defined Vehicle、ソフトウェア定義車両）は、第1章「1-2 SDVが注目されるワケ」の中で8つの「うれしさ」として示した通り、多数の導入効果があるものの、その具現化に向けた取り組みとして新たなビジネスモデルを構築していく必要がある。付加価値の部分を自動車の販売価格に反映させるビジネスモデルであれば、従来と変わらない。しかし、それだけではない。誰に対して、どのようなサービスを提供し、どこから利益を得るのか——。

　SDVならではのビジネスモデルを考えると、**図表2-2・3-1-1**に示すようになる。主には、(1) アプリ（アプリケーション）・サービスのサブスクリプション（サブスク）課金、(2) ソフトウェア・アプリプロバイダー手数料、(3) 他自動車OEM（自動車メーカー）向けの技術供与、(4) データ活用などによるtoB向けサービスである。なお、前述した従来のビジネスモデルは、この図表では「販売価格への反映」に当たる。では、(1)〜(4) を具体的に見ていこう。

● (1) アプリ・サービスのサブスク課金

　これは文字通り、ユーザーに対してアプリやサービスを提供する

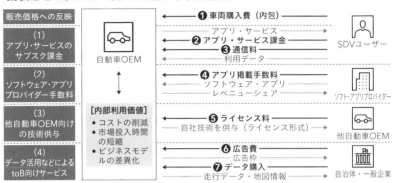

図表 2-2・3-1-1　SDV の新たな収益構造

従来の「販売価格への反映」を除き、主に 4 つの柱が考えられる。(出所:各種公開情報、エキスパートインタビューを基に PwC 作成)

ことによるサブスク(定額課金)のビジネスモデルだ。先行する米国での提供サービスと課金プランの例を、**図表 2-2・3-1-2** に示す。

現時点では、ADAS(Advanced Driver-Assistance Systems、先進運転支援システム)のような SDV レベル 2 程度の自動運転機能や、車内で音楽を聞いたりゲームをしたりするエンターテインメント系アプリの提供に伴う課金が始まっているようだ。とりわけ前者の自動運転機能のサービスについては、ユーザーはサブスクモデルによって日々進化したサービスを使え、メーカーは継続的に機能を進化させることでユーザーを獲得できるため、双方にとってメリットがあると考えられる。

● (2) ソフトウェア・アプリプロバイダー手数料

SDV が普及すれば、スマートフォン(スマホ)と同じように第三者によるアプリやサービスの提供が行われるようになる。それによ

図表 2-2・3-1-2 米国自動車 OEM の SDV 向け提供サービスと課金プランの例

		米国自動車 OEM							
		A社			B社			C社	
課金プラン	メニュー	標準	プレミアム	"自動運転"オプション	セット/お得プラン（さらに4種あり）	個別プラン（さらに4種あり）	"自動運転"オプション	ナビ/エンタメ/安心等の個別機能	"自動運転"オプション
	提供方法	標準搭載	サブスク	サブスク/買い切り	サブスク	サブスク	サブスク	サブスク	サブスク
	価格	無償	低価格帯	高価格帯	中価格帯	低価格帯	数年の無償期間＋低価格帯	低価格帯	低価格帯
機能	ナビ	✓（一部）	✓		✓	✓		✓	
	エンタメ		✓		✓	✓		✓	
	セキュリティ				✓	✓		✓	
	自動運転			✓			✓		✓
搭載率/契約率		100 %	N/A	10 %台	全量搭載を計画				

現在のところ、主にナビゲーション、エンターテインメント、セキュリティ、自動運転に関する機能が提供されている。（出所：PwC）

り、SDV 専用のアプリストアが開設されたり、車内がマーケットプレイスのようになったりと、多様なビジネスが登場するだろう。ソフトウェア・アプリプロバイダー手数料のビジネスモデルでは、そこで生まれる様々な取引に対して、自動車 OEM がプラットフォーム利用料を徴収することになる。

　とはいえ、SDV 用のアプリは、スマホ用のアプリと比べて圧倒的に利用時間が短い。従って、より車内での利用に特化したアプリやサービスでなければ、ユーザーにとって付加価値が生まれない。そこで考えられるのが、自動車でショッピングモールやスーパーマーケット、ファストフード店、ファミリーレストランなどに向かうユーザー向けに、事前に車内から料理や商品を注文できたり、席の予約ができたりするサービスだ。

●（3）他自動車 OEM 向けの技術供与

SDV の開発コストは今後、高額になることが予想され、簡単には回収が難しくなると考えられる。そこで、複数の自動車 OEM が同じソフトウェアや OS（Operating System、基本ソフト）、サーバー、クラウドシステムなどを活用することが望まれている。そこでは、先行する自動車 OEM が開発した SDV 向けのソフトウェアやシステムなどを、他の自動車 OEM に販売したり貸与したりして収益を得るビジネスモデルの普及が予想される。

●（4）データ活用などによる toB 向けサービス

SDV では、車内にも多くのセンサーを搭載するため、ユーザーの運転状況やよく行く場所やエアコンの設定温度といった様々なデータが取得できるようになる。そうしたデータを使って、第三者企業が自社のサービスに活用するビジネスが生まれ始めている。

その代表格が、自動車保険だ。保険会社としては自動車の購入者に対して、年齢や適性に加え、車種ごとの事故リスクなどを含めて精査した保険料を設定したい。こうしたニーズに応えるべく、既に米国の自動車 OEM では、自社の SDV が収集した様々なデータを保険会社に販売している事例がある。保険会社は、自動車 OEM から購入したデータを分析することで、事故リスクなどを踏まえた保険料率の設定が可能となり、以前よりも精度が上がるようになったという。

さらに今後の可能性として、SDV が収集したデータを、インフラの管理業者などが購入することが考えられる。最近では気候変動に

よる異常気象の影響で、山間部の道路が土砂災害や落石などによって通行困難になるケースが増えている。しかし現状では、こうした現場をインフラの管理業者などが発見するには、担当者が現地を巡回して確認するしかない。そこで、SDV に搭載した車外カメラの映像を AI（Artificial Intelligence、人工知能）でリアルタイムに解析させることで、道路の破損状況などに関する様々な情報を即座に確認できるようになる。

一方、小売業の分野では、SDV の移動履歴などを入手できれば、どのような属性を持つユーザーが日頃からどこで買い物をしているのかといった情報が得られ、販売やマーケティング、キャンペーンなどに活用できるようになる。

今後、どのようなデータをどのような形で販売できるのかは未知だが、自動車 OEM としては様々なことに利活用できるように、加工しやすい状態でデータを収集・管理しておくことが必要だろう。

2-2・3-2
ユーザーが期待する アプリ・サービス

以上、4 つのビジネスモデルを見てきたが、（3）他自動車 OEM 向けの技術供与や（4）データ活用などによる toB 向けサービスによる収益化はまだ発展途上と言え、現状では（1）アプリ・サービスのサブスク課金が主な収益源となっている。

こうした中、ユーザーは SDV に対し、どのようなアプリやサービスを求めているのだろうか——。筆者らは 2020 年から 2023 年に

図表 2-2・3-2-1 モビリティのコネクテッドサービスに求められる機能に関する「PwC Strategy＆消費者調査」の結果

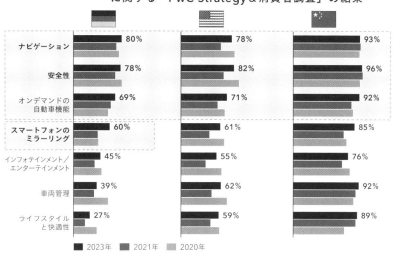

「ナビゲーション」や「安全性」に次いで、「オンデマンドの自動車機能」や「スマートフォンのミラーリング」が多い。（出所：PwC）

かけて、ドイツ、米国、中国の3カ国で、ユーザーがコネクテッドカーに欲しいと思うサービスについての調査を実施した（**図表2-2・3-2-1**）。その結果、いずれの国でも「ナビゲーション」や「安全性」といった必須機能に次いで、アプリ・サービスのサブスク課金に当たる「オンデマンドの自動車機能」が求められていることが明らかになった。とりわけ、運転支援や駐車支援といったADASに関わる機能への期待値が高まっているようだ。

2-2・3-3

海外 OEM にみる
アプリおよびサービスの先端事例

● 米国における SDV 向けアプリとサービス

　米国の自動車 OEM では既に、運転の速度やエアコンの設定温度、利用しているアプリの機能など、ユーザーから取得した様々なデータをクラウド上で整理し、第三者企業に販売するデータプラットフォーム提供サービスが始まっている。

　また、**図表 2-2・3-1-2** で紹介したように、例えば B 社はサービス・アプリのサブスク課金のサービスとして「セット/お得プラン」「個別プラン」「"自動運転"オプション」の主に3つのメニューを用意し、価格に応じてナビゲーション、エンターテインメント、セキュリティ、自動運転に関する機能を提供している。この中で、「"自動運転"オプション」は自動運転に特化したサービスで、価格は約 2300 円（約 15 米ドル、1 米ドル＝152 円換算、購入後 3 年間は無料）とされている。

　さらに B 社は、「ソフトウェア・アプリプロバイダー手数料」のビジネスモデルとして、飲食チェーン店と提携し、車内にいながら注文できるサービスも提供している。具体的には、当該チェーン店の店舗の近くを通ると、車内からアプリを通して注文でき、ナビゲーションが店まで誘導して購入する。このチェーン店は B 社にアプリ掲載手数料を支払う仕組みだ。

● 中国におけるSDV向けアプリとサービス

一方、中国の自動車OEMは日本の自動車OEMと比較して、特に高級車において多数の機能を搭載して差異化を図っている。例えば、中国で日本円にして600万円ほどの価格で販売されているSUV（Sport Utility Vehicle、多目的スポーツ車）は、「移動キャンプ場」をコンセプトに非日常的な空間をつくり出し、様々なアプリケーションやサービスを搭載している（**図表2-2・3-3-1**）。

例えば、SDV関連では、音声AIによるナビゲーション機能をはじめ、映画鑑賞やカラオケ、ゲーム、オンラインショッピングなどが楽しめる。自動運転機能はレベル2。降雪時に除雪してくれるアシスト機能や、中国で10億回以上ダウンロードされるほど中国女性に人気の美容アプリなども搭載する。さらに設備関連では、マッサージ機能を持つシートや冷蔵/保温庫なども装備し、車内で過ご

図表2-2・3-3-1　中国で人気のSUVが提供するアプリやサービス

従来にない様々なサービスを提供し、ユーザーの満足度向上に努める。（出所：中国新興自動車OEMなどの資料を基にPwC作成）

すユーザーに対して新しい体験や価値を提供している。

2-2・3-4
SDV におけるビジネスモデルの課題

● どのようにサービスの差異化を図るか

　ここまで見てきたように、既に様々なサービスが実用化したり検討されたりしている一方で、自動車 OEM 各社のサービスが類似しているため、どのように差異化を図るのかという課題が浮上している。サービスが類似する理由は、自動車 OEM 各社に同じ会社が部品供給をしているからだ。その典型が、音声認識やドライブアシスト、スマホ連携といったサービスだ。

　こうした課題解決の一つが、内製化である。これは有効な手段には違いないが、コストがかかる。もう一つが、自社で収集したユーザーデータを詳細に分析して活用することだ。当然のことながら、A 社の自動車ユーザーのデータは A 社しか持ち得ない。そんな独自データを生かして、ユーザーの満足度を向上させるサービスを開発するのである。既に、「火星で走っているようなモード」や対戦型ゲーム、独自ゲームなどを開発し、差異化を図るケースが出てきている。

● コスト構造をどう考えるか

　SDV で高度なサービスを提供した場合、その投資をどう回収す

図表 2-2・3-4-1　SDV 化によるコスト増

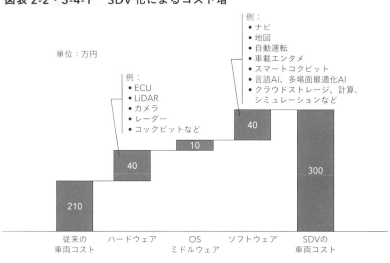

SDV 化により 210 万円が 300 万円に。差額の 90 万円をいかに回収するかが課題である。（出所：PwC）

るか——。これもまた、大きな課題だ。例えば、車両コストが 210 万円の自動車に、ECU（Electronic Control Unit、電子制御装置）などの様々なハードウェアや OS、そしてナビゲーションや車載エンターテインメントなどのソフトウェアやアプリを搭載して SDV 化すると、300 万円くらいまでに跳ね上がる（**図表 2-2・3-4-1**）。210 万円と 300 万円の差額は 90 万円。一体、これをどのように回収すればよいのか。

例えば、**図表 2-2・3-1-2** で紹介した事例のように、毎月約 3000 円（約 20 米ドル、1 米ドル＝ 152 円換算）のサブスク課金でサービスを提供した場合、1 年間で日本円にして 3 万～4 万円ほど、5 年間乗り続けても 15 万～20 万円ほどである。つまり、90 万円を回収するには 20 年以上乗り続けてもらわないといけない計算になり、現実的ではない。

図表 2-2・3-4-2　SDV投資に対する自動車OEM各社の考え方

| SDV投資に対する各社の考え方 | ・ユーザー課金からでは限界があり、BtoBとしてアプリ側からの課金が理想的
　— ユーザー課金だけで全投資コストを回収するのは難しい（ユーザーが課金するのはせいぜい3つ程度で、ネットワークコストを既に払っているためさらなる課金はしない）
　— スマホを使う時間よりも車内で過ごす時間は短く課金が難しい
・SDVは必要不可欠であり、**商品力としての必要コストとして考え、全回収は諦めている**
・他社もみんな取り組んでいるため、**差異化のためにやらざるを得ないという状況**
　— 3〜5年での投資回収は難しく、開発コストとして諦めざるを得ない
　— ただし、将来的にはどこかのタイミングで収益化を目指す |

いずれも、SDVへの投資コストの回収に関しては厳しい見方を示す。（出所：エキスパートインタビューを基にPwC作成）

　こうした観点から、自動車OEM各社は現状、直近3〜5年での投資回収は困難との見方をしているが、その一方で、商品力向上のためには投資は欠かせないと考えている（**図表2-2・3-4-2**）。

　結局のところ、車両の販売価格にSDV化で増加したコスト分を全て転嫁すると高額になるため、半分くらいとする。そして残りは、様々なビジネスモデルを活用して回収する。特に人気が高いサービスやアプリケーションについては、サブスクではなく、販売価格に反映させるといったことも考えていく必要がありそうだ。

2-2・3-5
SDVはサプライヤーの
ビジネスモデルにも変化を与える

　SDVは、従来の自動車OEMのビジネスモデルを大きく変えるとともに、従来の自動車OEMとサプライヤーとの関係性にも変化を

もたらす可能性がある。例えば、これまで自動車OEMに対して、ソフトウェアとハードウェアを一体化したコンポーネントシステムを納入していたサプライヤーの場合、自動車OEMが他社との差異化を目的にソフトウェアの内製化を進めると、ハードウェアだけを納入する事態になり利益率が下がってしまう。

こうした課題を抱えるサプライヤーがとるべき動きとしては、一つは、複数の自動車OEM向けにSDVの付加価値を高めるソフトウェアやハードウェアを提供していく「プラットフォーマー」や「サービスプロバイダー」になること。もう一つは、良品廉価なハードウェア（汎用部品）の製造に注力する「ドミナントコモディティ」になることだ。その上で、M&A（Mergers & Acquisitions、合併・買収）も含めた事業の再編・再構築を検討していく必要もあるだろう

図表 2-2・3-5-1　SDV時代のサプライヤーの生き残り方

ニッチャー	レイヤーマスター	サービスプロバイダー
A社	B社	
電動二輪車向け駆動ユニットを供給すべく、E社・F社と合弁会社を設立	半導体領域について、サプライチェーン全体で総合力を発揮する垂直統合強化	ソフト領域について、大規模・高度開発への開発体制盤石化
要再編（撤退）	要再編（撤退）	プラットフォーマー
		C社
		フリートケアプログラム拡充（タイヤ摩耗予測⇒耐久予測）
要再編（撤退）	要再編（撤退）	ドミナントコモディティ
		D社
		G社・H社が経営統合し、I社を設立

（縦軸：性能→競争軸→コスト、横軸：寡占度 低→高）

自動車OEMと同様、サプライヤーにも変革が求められる。（出所：PwC）

（ **図表 2-2・3-5-1** ）。

　もちろん、サプライヤーがとるべき動きはこれだけではない。他のサプライヤーがまねできない独自技術で戦う「レイヤーマスター」や、特定セグメント・特定市場・特定地域などよりニッチなところにフォーカスして戦う「ニッチャー」のような生き残り方もある。

　いずれにせよ、SDV 時代には自動車 OEM だけではなくサプライヤーにも、新たなビジネスモデルの構築など生き残りのための変革が求められている。

2-4

クラウドインフラ

2-4-1
SDV を支えるクラウドインフラの重要性

　SDV（Software Defined Vehicle、ソフトウェア定義車両）が実現する世界においては、車両は単なるハードウェアではなく、モビリティサービスを提供するソフトウェアプラットフォームとなる（**図表 2-4-1-1**）。そして、そのプラットフォームの一部を構成する重要な要素がクラウドである。従来のテレマティクスやコネクテッドカーにおいても、車両と中央システムとの間でデータ連携が行われていたが、SDV においては、車両におけるリアルタイムの操作やモニタリング、データ処理がクラウドを介して実行されるようになる。

　既に昨今の車両は多くのソフトウェアで制御されている。しかしながら、車両購入時にオプションを選択しなければならず、購入後は新たな機能の追加が難しいのが現状である。SDV が実現されると、利用者は車両購入後にも、自動運転機能など新たなオプションを購入することが可能になるだけではなく、企業にとっても新たな収益源となり得る。一方で、利用者の選択肢が広がると同時に、利用者から選ばれる企業が優位になり、企業としてはどのようにサービスを提供できるかが重要になってくる。そこでカギとなるのが、ソフトウェアの開発、提供、更新を管理するソフトウェアプラット

図表 2-4-1-1　SDVとは？

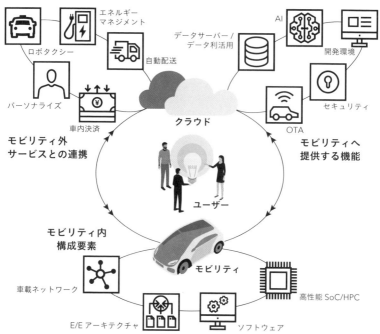

SDVとは、ソフトウェアを基軸にモビリティの内外をつなぎ、機能を更新し続け、新たな価値/体験を提供し続ける基盤（エコシステム）である。（出所：PwC）

フォームである。

　このプラットフォームに求められることは、新規サービスのリリースやサービス更新のリードタイムの短縮化だけではなく、安定して稼働する耐障害性も併せて有する必要がある。本節では、どのようにこれらを実現するかを解説する。

　SDVの進展に伴い、In-Car（車両内）とOut-Car（クラウド側）の双方で機能の追加や拡張が頻繁に行われる。例えば、車両の自動運転機能やインフォテインメントシステム、さらには遠隔メンテナンス

やセキュリティアップデートなど、多くの機能がSDVの進化とともに拡充されていく。これらの機能追加と更新はリアルタイムで行われ、利用者への価値を高める重要な競争要因となる。

　各車両が生成するデータは、単なる車両運行情報にとどまらず、ユーザー体験を向上させる多様なデータを含む。例えば、エンジンの動作状況や車内の快適さを測定するセンサー情報、ユーザーのハンドル操作の傾向を示すデータ、課金や決済に必要となるサービス利用情報など様々である。これらの情報をリアルタイムで処理し、クラウド側で分析・最適化するため、クラウド環境は極めて高いスケーラビリティとデータ処理能力を持つ必要がある。

　特に2030年には、1台の車両から送信されるデータ量が月間100 GBを超えることが予測され、さらには、車両からのデータが、単一のクラウドに保存されるだけではなく、SaaS（Software as a Service）を含め複数のクラウド環境にまたがって処理されるケースも増加する。このような状況下で、クラウド環境は分散型でありながらも、一貫したデータ処理を行う能力が求められ、効率的かつスケーラブルなクラウドアーキテクチャの設計と実装がますます重要となる。

　以降では、SDV時代に求められる具体的なクラウドアーキテクチャの要素として、クラウドネイティブアーキテクチャ、目的別データストアとデータ管理戦略、そしてクラウドインフラの信頼性について詳しく見ていく。

2-4-2

クラウドネイティブアーキテクチャの採用

SDV の発展において、クラウドインフラは車両の機能を管理・拡張するための重要な役割を担うが、そのために必要なアーキテクチャとして、IaaS（Infrastructure as a Service）上のサーバーベース・アプリケーションでは不十分である。ここで必要とされるのが、クラウドネイティブアーキテクチャだ。ここで言うクラウドネイティブは、クラウドネイティブコンピューティング技術を推進している団体、CNCF（Cloud Native Computing Foundation）の定義とは少し異なり、クラウド環境に最適化された設計・開発アプローチを指す。

SDV におけるクラウドネイティブアーキテクチャでは、スケーラブルで柔軟性が高く、動的に変化する要件に対応できるシステムの構築を目指している。

● コンテナ化による柔軟なデプロイメントとスケーリング

クラウドネイティブアーキテクチャの最も基本的な要素の一つが、コンテナである。コンテナとは、アプリケーションの実行に必要なソフトウェアコードをパッケージ化し、コンテナ管理ソフトウェアが稼働する異なるシステム環境でも同じように動作させる技術だ。これにより、車種ごとに異なる環境を持つ SDV でも、統一された環境でソフトウェアを迅速に展開できる。

例えば、コンテナを用いてアプリケーションを素早く構築、テスト、デプロイできるソフトウェアプラットフォームを用いること

で、車両のインフォテインメントシステムや遠隔診断システムなど複数のコンポーネントを個別に管理し、独立して更新できるようになる。さらに、コンテナ化したアプリケーションのデプロイ、スケーリング、および管理を行うコンテナオーケストレーションツールを活用すれば、車両の状況に応じてコンテナを動的にスケーリングし、必要なリソースを自動的に配分できる。

● マイクロサービスアーキテクチャによる拡張性

クラウドネイティブアーキテクチャのもう一つの柱が、マイクロサービスアーキテクチャである。これは、アプリケーションを小さなサービスに分割し、それぞれが独立して動作・更新・スケーリングできる疎結合な構造を持つ。SDVのように複雑なシステムでは、車両内の各機能（自動運転、エンターテインメント、セキュリティなど）をモジュール化し、モジュール間の結合度を低くすることで、システム全体の柔軟性が向上し、かつ迅速な機能追加や更新が可能となる。例えば、車両の自動運転システムを補助するシステム、インフォテインメントシステム、遠隔診断システムなどを独立したサービスとして実装すれば、個別にスケーリングできるため全体のシステムに負荷をかけることなく特定の機能のみを強化することができる。

マイクロサービスアーキテクチャはクラウド環境に最適化されており、従来のように必要な機能を追加するたびに大規模なシステム変更を行う必要がない。このため、迅速なサービス展開が可能である。

● イベント駆動型アーキテクチャの重要性

SDV におけるデータ処理では、リアルタイムの対応が極めて重要であり、これを支えるのがイベント駆動型アーキテクチャである。イベント駆動型アーキテクチャでは、車両によるセンサーデータや運転データなどの生成がトリガーとなり、システムが即座に処理を行うことでリアルタイムの応答が可能となる。

イベント駆動型アーキテクチャの実現には、メッセージングシステムが重要な役割を果たす。例えば、分散メッセージングシステムを活用することで、非同期にデータを処理し、スケーラブルかつ耐障害性の高いイベント処理を実現できる。この設計により、システム全体のスケーラビリティも向上し、データの流量が増加した場合でも柔軟に対応できるようになる。

● CSP のリファレンスアーキテクチャと
　　マネージドサービスの活用

クラウドインフラを効果的に活用するには、CSP（Cloud Service Provider）が提供する、サーバーの保守や運用・管理までの様々な業務をサービスとして提供する、マネージドサービスを活用することが一般的である。加えて、主要な CSP は、SDV 向けのリファレンスアーキテクチャや管理サービスを提供しており、これらを活用することで効率的かつ安全な運用が可能となる。

マネージドサービスにおいて特に注目すべきは、AI（Artificial Intelligence、人工知能）サービスの活用である。各 CSP は、AI ベースのマネージドサービスを提供しており、SDV 向けのデータ分析、予

測、機械学習モデルのトレーニングまで迅速に行える。これにより、膨大な車両データをリアルタイムで分析し、車両の故障予測やドライバーの行動パターン分析などが効率的に実施できる。

　AI の活用は、車両のメンテナンスやパフォーマンスの最適化だけではなく、ユーザー体験の向上にも寄与する。例えば、車両のインフォテインメントシステムに AI を統合し、ユーザーの嗜好や行動に基づいて推奨サービスを提供することで、よりパーソナライズ化されたモビリティ体験を提供できる。

　これらのマネージドサービスにより、開発者はインフラ管理に煩わされることなくアプリケーション開発に集中でき、クラウドインフラのスケーリングやセキュリティ管理も自動化される。特にSDV では、膨大なデータをリアルタイムで処理する必要があるため、これらのマネージドサービスの利用はアプリケーションの開発・運用において大幅な効率化をもたらす。

2-4-3
目的別データストアとデータ管理戦略

　SDV においては、膨大なデータをどのように管理・活用するかが非常に重要な課題となる。従来のトラディショナルなシステムではRDB（Relational Database）がデータの管理・活用において主流であったが、SDV の複雑なデータ要件には RDB だけでは対応できない場面が増えてきている。そこでは、各ユースケースやデータ特性に応じて、目的別データストアを採用することが求められている。

● NoSQL データベースの役割

　例えば、車両からリアルタイムで送信されるセンサーデータや運行データなど、膨大な量の非構造化データを高速で処理するには、**図表 2-4-3-1** に示すような「NoSQL」データベースが有効である。NoSQL データベースは、RDB のような厳密なスキーマを必要とせず柔軟なデータ構造を持つため、データのスケーラビリティや処理速度の向上に優れている。

● RDB の役割とハイブリッドデータストア

　一方で、RDB も依然として重要な役割を担っている。特に、取引データやユーザーアカウントなどの厳密なトランザクション処理が求められる場面では、RDB の信頼性は高い。従って SDV においても、顧客情報や契約データなど、セキュアかつ一貫性の高い管理が求められる領域では RDB が適している。

　このように目的やアプリケーションの特性に応じて、ハイブリッドにデータストアを選択することが効果的である。例えば、リアル

図表 2-4-3-1　NoSQL の主なタイプと特徴

タイプ	特徴
キーバリューストア	車両の各センサーからリアルタイムで送信されるデータを高速に書き込み、即座に処理可能。エンジンの動作状態や温度センサーの情報など、時々刻々と変化するデータに最適
ドキュメントストア	車両ごとの設定データやユーザーのカスタマイズ情報など、柔軟なデータ構造が必要な場合に有効。各車両が異なるインフォテインメントの設定を持っている場合、このようなデータを簡単に管理可能
グラフデータベース	複雑な関係性を管理する必要がある場合に使用。車両同士の通信や、交通システムとの相互作用を管理する場合に有効

NoSQLには、キーバリューストア、ドキュメントストア、グラフデータベースなどがある。（出所：PwC）

タイム性が求められるデータは NoSQL で管理し、顧客データのような一貫性を保ち長期的に保持すべきデータは RDB で管理するといった具合だ。これにより、柔軟かつ効率的なデータ管理戦略が実現できる。

● データメッシュによる分散型管理

SDV が普及する中で、車両から生成されるデータの量は指数関数的に増加している。これらのデータを分析用途で活用するには、効率的なデータ管理が必要不可欠である。従来のアプローチでは、データを一元的に集約する中央集権型のデータレイクやデータウエアハウスの形で管理することが一般的である。しかしながら、中央集権型データ基盤の問題点として、以下のような制約が挙げられる。

・集約するデータの品質にばらつきがあり、データの意味を統一することが困難である
・データウエアハウスへの反映に時間を要すなど、データ活用までのリードタイムが長くなりがちである
・相互依存関係により変更に対して迅速・柔軟に対応できず、事業が求めるスピード感に対応できない

SDV のように迅速なデータ活用が求められる環境では、これらの制約が競争優位性に悪影響を及ぼす可能性がある。

こうした中央集権型データ基盤の限界を克服するために、近年注目されているのがデータメッシュである（**図表 2-4-3-2**）。データメッシュは、データを中央で一元管理するのではなく、中央はガバ

図表 2-4-3-2　データメッシュの主な特徴

特徴	概要
ドメインごとのデータ所有権と分散管理	各ドメインが自律的にデータを管理し、他のドメインと共有する際も独立して動作する
データのプロダクト化	各ドメインが所有するデータを、他のサービスやドメインが利用できる形でプロダクトとして提供する
セルフサービス型データプラットフォーム	開発者やアプリケーションが、必要なデータをセルフサービスで利用できる
自律性とガバナンスの両立	分散管理されたデータでも、全体として一貫性のあるガバナンスを確保しつつ、各ドメインの自律性を維持する

膨大なデータ量を扱う SDV では、このようなデータ管理アーキテクチャが不可欠となる。（出所：PwC）

図表 2-4-3-3　データメッシュの考え方

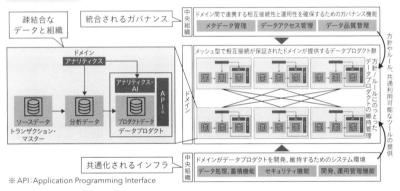

ガバナンス機能は統合し、インフラ環境は共通化しつつ、ドメインは疎結合に分散させる。各ドメインは相互接続し、データ連携が可能になる。（出所：PwC）

ナンスや共通プラットフォームを提供することにフォーカスし、データの管理は各ドメイン（業務領域）に分散させるアーキテクチャだ。これにより、ドメインごとのデータオーナーが自律的にデータを管理し、各システムやアプリケーションが必要とするデータをデータプロダクトとして提供し、全体として効率的に利用できるようになる（**図表 2-4-3-3**）[1]。

データメッシュを導入すれば、データを迅速かつ柔軟に利用できるようになり、SDVにおけるリアルタイムの意思決定や新機能の提供が容易になる[1]。これによって、車両から得られる膨大なデータを、モビリティサービスの向上に活用する基盤が整う。

参考文献

[1] PwC、「メッシュアーキテクチャが切り開く新たなデータアナリティクス〜第1回 データアナリティクスプラットフォームの新潮流」、https://www.pwc.com/jp/ja/knowledge/column/mesh-architecture/vol1.html

(2-4-4) クラウドインフラに求められる信頼性

SDVでは、小さなシステム障害が人の命に関わることにもなりかねない。そのため、通常の環境におけるクラウド活用よりも、さらに厳格に障害対応に関する様々なアプローチや手法を取り入れる必要がある。具体的に見ていこう。

● 障害が発生することを前提とした設計思想 「Design for Failure」

SDVのように高度に分散されたシステムでは、クラウド環境が常時稼働している状態が求められる。しかし、どのようなシステムでも障害は避けられないため、「Design for Failure」という設計思想が重要になる。Design for Failureとは、システムが障害を発生することを前提に設計し、実際に障害が発生したとしてもサービス全体が停止せずに動作を継続できるようにするアプローチである。その

ために、各機能やコンポーネントを冗長化して構成しておけば、ある一部の機能が停止しても、他の部分がその機能を代替することでサービスの中断を防げる。

● カオスエンジニアリングでシステムの信頼性向上

近年では、カオスエンジニアリングという手法も広まりつつある。カオスエンジニアリングは、意図的に本番環境で障害を発生させ、その際のシステムの耐性を検証する手法である。例えば、ランダムにコンポーネントを停止させ、システム全体がどのように対応するかを確認することで、システムの信頼性が向上する。

この手法は、予測不能な状況に対するシステムの堅牢（けんろう）性を高め、リアルタイム性が求められる SDV 環境においても非常に有効である。

● 早期の異常検知と分析の迅速化を可能にする
オブザーバビリティ

SDV におけるクラウドインフラの効果的な運用には、システムの健全性を常に把握し、障害を未然に防ぐことが求められる。ここで重要な概念が、オブザーバビリティである。オブザーバビリティとは、システムの状態をリアルタイムで監視し、異常を早期に検知する手法であり、特に分散システムにおいてその効果が発揮される。

従来のモニタリングは、CPU（Central Processing Unit、中央演算処理装置）使用率やメモリ消費量などのメトリクス（指標）を監視するだけにとどまっていた。オブザーバビリティは、それに加えてログやトレース情報を収集し、システム全体の振る舞いを可視化する。これ

により、システムの異常検知やパフォーマンスの最適化が可能にな
る。例えば、車両間でデータの遅延が発生した場合、分散トレース
を利用してどこで遅延が発生したのかを即座に特定して対応できる。

　また、オブザーバビリティでは、障害が発生した際の根本原因分
析（RCA、Root Cause Analysis）にも有効である。システム内のどのコン
ポーネントが問題を引き起こしたかを、迅速に特定して対応策が講
じられる。これにより、SDV のような複雑なシステムでも、高い可
用性と信頼性を維持しながら運用を継続できる。

2-4-5
進化し続けるクラウドインフラ

　SDV を実現するためのクラウドインフラは、単なるスケーラブ
ルなシステムだけではなく、柔軟性と信頼性を両立させた複雑な
アーキテクチャを必要とする。クラウドネイティブアーキテクチャ
や CSP が提供するリファレンスアーキテクチャ、マネージドサー
ビスを採用することで、システム全体の柔軟性向上と迅速なサービ
ス提供が可能になる。また、目的に応じたデータストアやデータ管
理アーキテクチャを組み合わせることで、効率的なデータ処理が可
能になる。

　運用においては、オブザーバビリティを取り入れることで、クラ
ウドインフラの運用を効率化し、リアルタイムにシステムの健全性
を監視しながら、自動的な最適化が行える。これらを通じて SDV
の進化に対応し、より迅速かつ効果的にモビリティサービスを提供

できるインフラが構築される。

　昨今の生成 AI に代表されるようにテクノロジーの進化のスピードは激しい。利用者に新たな価値や体験を提供し続けるソフトウェアプラットフォームである SDV 自体と同様に、それを支えるクラウドインフラも一度構築して終わりということではなく、新しい技術や思想を適宜取り入れながら、進化し続けていくことが求められる。

2-5

コネクティビティ

2-5-1
自動車のコネクテッドとは

　自動車は他の対象とつながることで、「走る・曲がる・止まる」以外にも様々な価値・サービスをドライバーや乗員に提供する。この価値・サービスは周辺技術の進化とともに高度化しており、SDV（Software Defined Vehicle、ソフトウェア定義車両）の普及によりさらなる高度化が予想される。

　「コネクテッド」とは、自動車がインターネットや他のデバイスとの接続を通じ、多様な価値やサービス、情報を提供できる機能を指す。以下、自動車との接続対象とその役割を示す（**図表2-5-1-1**）。

● 1. クラウド（Vehicle to Cloud）

　クラウド上のナビゲーションシステムとつながれば、リアルタイムで交通情報を更新する。それにより、渋滞や事故、工事情報などを考慮した最適ルート案内が提供される。車両状態監視システムであれば、車両状態をリアルタイムで監視し、必要なメンテナンス時期や異常時の警告を通知する。さらに、クラウド上のソフトウェア更新サーバーと接続すれば、車両のソフトウェアを更新することで、不具合修正や継続的な機能更新、新機能追加が可能になる。

図表 2-5-1-1　自動車の「つながる」対象

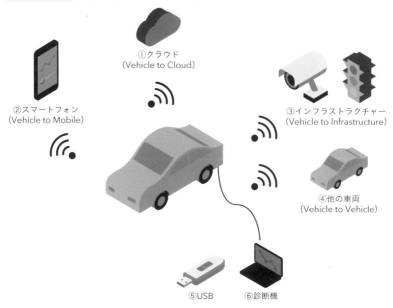

自動車は様々な対象物とつながることで、新たな価値が生まれる。（出所：PwC）

● 2．スマートフォン（Vehicle to Mobile）

　スマートフォン（スマホ）からのリモート操作により、遠隔でのエンジンの始動やドアロックの解除、エアコンの作動などを行う。さらにスマホと連携して、車内インフォテインメントシステムで音楽再生や通話、メッセージの送受信なども行える。

● 3．インフラストラクチャー（Vehicle to Infrastructure）

　信号機や道路標識、交通センサーなどのインフラストラクチャーとつながり（路車間通信）、交通の効率化や渋滞緩和を実現する。緊急

車両の優先通行や、駐車場空き情報の提供といったリアルタイム情報も共有する。

一方、インフラ側は自動車から送信された情報を周囲を走る別の自動車に送信し、運転者に接近などの注意喚起をすることで、衝突事故の防止などにつながる。

● 4. 他の車両（Vehicle to Vehicle）

車両同士が通信（車車間通信）することで、障害物や危険路面状況などの情報を共有する。先行車が急ブレーキをかけた際に後続車へ通知し、渋滞緩和や事故リスクの低減を図る。

見通しの悪い交差点などにおいては、車両同士が互いの位置や速度といった情報を交換することで、例えば出合い頭での衝突の危険性がある場合には運転者に警告して衝突事故を未然に防ぐ。

● 5. USB

ナビゲーションシステムの地図データの更新など、サイズの大きなアップデートデータを直接更新する際に活用する。ただし、リアルタイム性および利便性には欠けるため、SDV化においては活用頻度は低下していくものと見ている。

● 6. 診断機

車両のOBD（On-Board Diagnostics、自己診断機能）-IIポートに有線接続し、車両のソフトウェアを更新したり、不具合修正や継続的な機能更新、新機能追加を提供したりする。診断機は自動車ディーラーで車検時、修理時に活用する場合が多いが、今後のSDV進化の中

では、徐々に OTA（Over The Air）に置き換わっていくものと見ている。

2-5-2 コネクテッドの歴史

自動車のコネクテッドの歴史は、車両が単なる移動手段から ICT（Information and Communication Technology、情報通信技術）を活用するデバイスへと進化していく過程を反映している（**図表 2-5-2-1**）。

● 1980〜1990 年代

車両に OBD システムが搭載される。OBD はエンジンやその他の車両システムの状態を監視し、問題が発生した際にエラーメッセージを保存するシステムだ。初期の OBD システムは、車両の内部ネットワークと外部診断機器を有線で接続し、データを読み取るために使用された。

1996 年には、米国で OBD-II の搭載が義務化され、初期の OBD システムよりも高度な診断機能を持つようになった。OBD-II は標準化されたインターフェースを提供し、車両の診断やデータ収集を行うための有線接続が一般化された。

● 1990 年代後半〜2000 年代

1990 年代後半から 2000 年代初頭にかけて、テレマティクスシステムが登場。主に衛星通信や携帯電話ネットワークを利用して、車

図表 2-5-2-1　SDV のレベルとコネクテッドの歴史

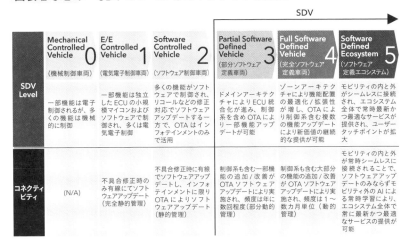

OBD、テレマティクスなどから始まり、現在は車両のソフトウェアを無線で更新する OTA が登場。今後はさらに車内外とつながることが想定される。（出所：PwC）

両の位置情報や緊急時の通報を提供した。1996 年には米国の大手自動車 OEM（自動車メーカー）が、緊急通報や盗難車追跡、リモート診断などのサービス提供を開始。商業的にも成功を収めた。

2000 年代に入ると、GPS（Global Positioning System、全地球測位システム）を利用したナビゲーションシステムが車両に広く搭載されるようになった。これにより、リアルタイムの位置情報や経路案内が可能になった。

● 2000 年代

2000 年代初頭、携帯電話ネットワーク〔2G（第 2 世代移動通信システム）、3G（第 3 世代移動通信システム）〕を利用して、車両とインターネットを接続する技術が登場。リアルタイムの交通情報や気象情報を取

得できるようになり、より精度の高いナビゲーションが可能になった。

さらに、近距離無線通信 Bluetooth 技術を利用して、車内のインフォテインメントシステムとスマホを接続する機能が一般化。ハンズフリー通話や、音楽のストリーミングが可能になった。

● 2010 年代〜現在

2010 年代に入ると、車両のソフトウェアを無線で更新する OTA が登場。ディーラーに行かなくても車両のソフトウェアのアップデートが可能になり、バグ修正や新機能追加が迅速に実施されるようになった。これはちょうど、**図表 2-5-2-1** の SDV レベル 2、レベル 3 に該当する。

・SDV レベル 2：静的管理。初期の OTA はインフォテインメントに限り、OTA によるソフトウェアアップデートが実施された。
・SDV レベル 3：部分動的管理。制御系も含む一部機能の追加/改善が年に数回程度、OTA によるソフトウェアアップデートで実施されるようになった。
・SDV レベル 4：動的管理。現在、北米や中国の新興自動車 OEM は、制御系も含む大部分の機能の追加/改善を OTA によるソフトウェアアップデートで実施している。その頻度は 1〜数カ月単位である。

さらに LTE（Long Term Evolution、第 4 世代移動通信システム）や 5G（第 5 世代移動通信システム）ネットワークの導入により、車両がクラウドと

リアルタイムで連携可能になり、リアルタイムの交通情報、車車間通信、路車間通信が実現可能になった。

その後、スマホと自動車のダッシュボードを連携させるサービスを、米国の大手 IT 企業 2 社が開発。これによって、スマホのアプリケーションやサービスを車載ディスプレーに直接表示・操作できるようになり、インフォテインメントの利用がさらに便利になった。

2-5-3 コネクテッドの将来

以上のように、1990 年代までは自動車自体の故障診断を目的としたコネクテッドが主だったが、1990 年代後半からは車外とつながることによる価値提供が始まった。テレマティクスや GPS ナビなどである。その後、時代の流れとともに、自動車を取り巻く周辺技術の技術進化と普及によって自動車のコネクテッド対象はどんどんと広がり続け、ドライバーへの提供価値も多様化していった。

今後、SDV が現在のレベル 3 からレベル 4 に進むことで、以下のようなサービスの登場が期待される。

● テレマティクス保険

走行距離およびドライバーの運転の仕方〔速度、加速・減速状況、操舵（そうだ）など〕に関わるデータを自動車が取得。それらのデータが保険会社のサーバーに送られ診断されることで、保険料が変動するサービスである。

● ロボットによる自動充電サービス

EV（Electric Vehicle、電気自動車）の充電を、人の手を介さずに行うサービス。自動充電ロボットと自動車が通信し、充電用のロボットアームが近づくと充電ポートのキャップが自動で開閉して充電が始まる。

他にも、車軸のついたロボットが自動車と通信して自動車に近づいてきたり、自動バレーパーキング機能を有する自動車が自動走行し、充電機で自動充電して元に戻ってきたりするようなサービスの提供が考えられる。

● SNS と自動車の連携

自動車の車載カメラが SNS（Social Networking Service、交流サイト）とつながることで、あらかじめ指定した友人などのアカウントに、ドライブ中の車外の光景や車内の様子などを動画で配信したり、1 日のドライブの中で車載カメラが撮影した「映える」景色などを AI（Artificial Intelligence、人工知能）が切り取り、ショート動画を作成してSNS にアップしたりする。そうした SNS と自動車の連携が、人と人とのコミュニケーションを深め、新たなドライブの楽しみ方も提案してくれる。

さらに、SDV がレベル 5 の世界になると、ユーザーが意識しなくても自動車が自動で最適化、改善されていく「随時アップデート/アップグレード」などが期待される。自動車の内外が常時シームレスに接続されることで、ソフトウェアアップデートのみならず、車

外の AI による常時学習によってエコシステム全体で常に最新かつ最適なサービスの提供が可能になる。

● 予防メンテナンス

　車両の状態を常時モニタリングし、メンテナンスが必要になる前に予防保守を提案する機能がさらに高度化する。様々なセンサーが車両のパーツやエンジン、バッテリーの状態を常時監視することで突然の故障を未然に防ぎ、車両の長寿命化が期待できる。

　また、従来よりも監視対象が拡大することで精緻な予測や、AI 学習によって自動車開発者が想定していないアプローチでの故障予知などが可能になる。

● 運転パターンに基づくパーソナライズドアドバイス

　運転者固有の運転データを AI が分析し、燃費効率を向上させる運転アドバイスや、安全運転を促すフィードバックをリアルタイムで提供するといったサービスが可能になる。

● 運転者の健康状態モニタリング

　車内のセンサーやカメラが運転者の顔や心拍数などをモニタリングし、AI が疲労や眠気、ストレスを検出するサービスが可能になる。認知能力の低下など本人では気づきにくい微小な変化を検知し、運転者へ通知することも期待できる。

● 新機能搭載までの短期化

　運転者を含めた搭乗者が、日頃から車内でどのように過ごしてい

るのかといった情報をクラウドに送信し、AI が分析。それにより
他社と差異化できる新たなサービスを開発し、デジタルツインなど
の技術を活用して仮想空間で検証すれば短期間での新機能追加が可
能になる。

　以上のように新たなサービスを実現するには、車内の様々な情報
を取得する多数のセンサーの搭載が必要になる。それによって懸念
されるのが、自動車のコスト増加だ。今後提供される新たなサービ
スに対し、コストの上昇をいかに正当化できるか、ここが今後の課
題になってくるだろう。

2-6

E/E アーキテクチャ

2-6-1
SDV の実現に必要な E/E アーキテクチャ

　自動車は人の生活と密接に関わっている。生活において必需品になっており、その上高額商品であるため、今では投資対象として扱われている側面もある。特に海外では「壊れない」ことへの信頼性から、日本メーカーの自動車の人気が高い。しかし、今後も車両購入時に、「壊れないこと」が重要視されるかを考慮する必要がある。

　一方で、自動車自体のライフサイクルが長いため、ユーザーのニーズが数年で携帯電話からスマートフォン（スマホ）に移ったような、急激な変化はすぐには起きない（**図表 2-6-1-1**）。そのため、もし車両購入時の観点が信頼性から変化しているとしても、その変化には気づきにくい。

　しかし、変化の兆しは既に出始めている。自動車のモデルごとの売上台数を比較すると、新興自動車 OEM（自動車メーカー、以下新興 OEM）の車種が伝統自動車 OEM（伝統 OEM）の人気車種を上回る事態が起きている。SDV（Software Defined Vehicle、ソフトウェア定義車両）は、そういった信頼性以外の商品性や顧客価値をどう打ち出していくか、というものに他ならない。そして、SDV はエコシステムそのものである。SDV を実現することで自動車の資産価値が継続され、

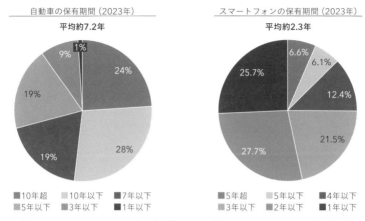

図表 2-6-1-1　自動車（左）とスマホ（右）のライフサイクル

自動車のライフサイクルはスマホなど他製品と比べて非常に長い。そのため、急激な買い替えなどは発生しないため、変化がすぐには起きない。（出所：左図は日本自動車工業会「2023年度乗用車市場動向調査」を基に、右図はNTTドコモ モバイル社会研究所「モバイル社会白書2023年版」を基にPwC作成）

価値の低下が抑えられる。そこから、信頼性とは異なる価値が生まれる。

　SDVの実現には、自動車というハードウェアとリンクしながら自動車の価値を最大限に生かす仕組みをつくり出し、システムそのものとなる「価値あるソフトウェア」を生み出すことが重要である。そのためには、「ソフトウェア自体を生み出すための施策」および「生み出したソフトウェアを商品に適合させる施策」という2つの施策が必要になる。これらを実現するために必要な考え方が、E/E（電気/電子）アーキテクチャである（**図表 2-6-1-2**）。

図表 2-6-1-2　SDV 実現を支える E/E アーキテクチャ

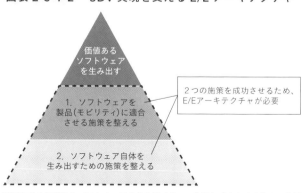

SDV向けの価値あるソフトウェアを生み出す2つの施策を成功させるために必要な検討項目が、E/E アーキテクチャである。(出所：PwC)

2-6-2　E/E アーキテクチャの要件

● 生み出したソフトウェアを商品に適合させる施策の検討

E/E アーキテクチャの構成要素を明確にするには、SDV を成功させる施策の詳細な分析が必要になる。そこで、前述の2つの施策を詳細に検討し、バリューチェーン全体（戦略立案、企画、設計構想、調達、開発、認可、生産、宣伝、販売、アフター）で必要な項目を明確にする（**図表 2-6-2-1**）。

「生み出したソフトウェアを商品に適合させる施策」には、製品（自動車）に関わるものの対応が必要となり、以下の3つの要素が考えられる（**図表 2-6-2-2**）。

図表 2-6-2-1　E/E アーキテクチャとバリューチェーン

		戦略立案	企画	設計構想	調達	開発	認可	生産(配信準備)	宣伝	販売(配信)	アフター
意思決定	車両/HW	投資判断の変更 ▷車両単体ではなく、商品群での利益確保・投資対象の明確化	SDVの基盤づくり ▷徹底した効率化/コスト低減…開発のスリム化、共通化、オープン化、アーキテクチャ整理、拡張性/流用性確保、品質適正化						ブランディング ▷SWによりユーザー最適化すること、提供する商品群が全て同じコンセプトでつながることの発信とサービス化		
	SW		多産多死の実現 ▷ユーザーごとに選択し、選ぶことができるようなバリエーションに対応できる仕組みの構築…仕様のオープン化、コンポーネント化、開発効率化(開発スタイル、環境整備)、人材確保						高頻度のサービス改善 ▷データによる監視/分析/改善		
プロセス	車両/HW	意思決定プロセス変更 ▷SW進化、適用を織り込んだ意思決定	方針の徹底 ▷SDVの基盤づくりとして決めた方針について、各設計部署が順守しているかを監視し、調整し、実現をしていくプロセスの実施					工場内でのSW書き換え	サービス利用実態把握と企画の振り返り		
	SW	▷ファンユーザーを増やし長期的にマーケットシェアを維持/拡大する仕組みへの投資	(機種連動) SW品質基準の新設 (後から進化) SWリリース判断イベントの新設						高頻度のサービス改善のプロセス構築		
体制	車両/HW	SW戦略の責任者の拡充 ▷デジタル戦略の観点を拡充の上で意思決定実施	SDV推進統括組織と既存製品との連携 ▷SDV基盤づくりの方針を実行するための責任部隊。従来の法規や品質対応や効率化やコスト低減などの活動をアラインし、最適化した上で社内推進する組織						高頻度のサービス改善の体制構築		
	SW		(開発部署) SW開発に対応するマネジメント (品質責任) SW品質責任者の役割設定								

※ HW：ハードウェア、SW：ソフトウェア

価値あるソフトウェアを生み出す施策を考えるため、バリューチェーン全体を「意思決定」「プロセス」「体制」の要素から検討する。(出所：PwC)

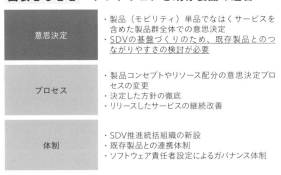

図表 2-6-2-2　ソフトウェアと既存製品の適合

意思決定	・製品（モビリティ）単品ではなくサービスを含めた製品群全体での意思決定 ・SDVの基盤づくりのため、既存製品とのつながりやすさの検討が必要
プロセス	・製品コンセプトやリソース配分の意思決定プロセスの変更 ・決定した方針の徹底 ・リリースしたサービスの継続改善
体制	・SDV推進統括組織の新設 ・既存製品との連携体制 ・ソフトウェア責任者設定によるガバナンス体制

E/E アーキテクチャでは、開発するソフトウェアがモビリティと連携するために、既存製品とのつながりやすさを3つの要素から検討する。(出所：PwC)

①意思決定：製品単体ではなく、サービスを含めた製品群全体で意思決定する。SDVの基盤づくりとしてつくったソフトウェアと既存製品をつながりやすくするために既存製品側も変えていく。

図表 2-6-2-3　既存製品とのつながりやすさとインターフェース

ソフトウェアと既存製品との適合では、既存製品とのつながりやすさを実現するインターフェースの設計が必要。そのためには既存製品を抽象化する。（出所：PwC）

②プロセス：製品コンセプトおよびリソース配分の意思決定プロセスを変える。決定した方針を徹底させるプロセス、リリースしたサービスを継続的に改善していくプロセスが必要となる。

③体制：SDV 推進組織の新設、既存製品と連携させる体制、ソフトウェア責任者設定によるガバナンス体制を構築する。

　この中でも E/E アーキテクチャでは、①の「SDV の基盤づくり」のため、いかに既存製品とつながりやすい構造を考えるかを検討すべきである。そこで重要になるのが、既存製品と新たにつくったものをつなぐインターフェースをつくることだ（**図表 2-6-2-3**）。既存製品側がインターフェースをつくることで、既に車載されているセンサーやアクチュエーターの制御などについて意識しなくても済むようになり、開発が効率化できる。すなわち、既存製品のセンサー情報やアクチュエーター制御、通信や電源などの周辺制御に間接的につながるように整理しておくこと（既存製品の抽象化）が、新規の設

計を簡易化することになる。その際には、電源遷移や通信のミドルウェア制御に影響されないことも重要だ。

● ソフトウェア自体を生み出すための施策の検討

一方、「ソフトウェア自体を生み出すための施策」に関しては、価値あるソフトウェアを生み出しやすくする仕組みづくりが必要になる。ここでもバリューチェーン全体の改革が必要で、以下の要素が考えられる（**図表 2-6-2-4**）。

①意思決定：価値あるソフトウェアを生み出す環境や人材に、どれだけリソースを投入するか。様々なことにトライして、迅速に可否を判断する。
②プロセス：ソフトウェアをリリースする際の判断基準を見直す。リリース後にサービス利用状況を把握して、改善を検討する。

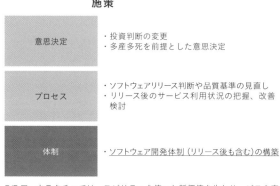

図表 2-6-2-4　ソフトウェア自体を生み出すための施策

E/E アーキテクチャでは、モビリティを使った新価値を生むサービスを実現するために、その軸となるソフトウェアの開発体制を検討する。（出所：PwC）

図表 2-6-2-5　共通化の必要性

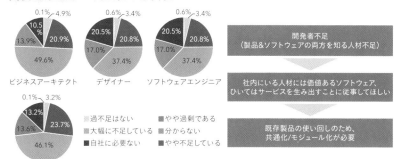

E/E アーキテクチャでは、不足するソフトウェア人材（左）に価値あるソフトウェアを生み出す業務に当たってもらうため、既存製品を効率的に使えるような共通化/モジュール化を検討する（右）。（出所：左図は情報処理推進機構「DX 動向 2024」の国内企業約 1000 社の回答を基に PwC 作成）

③体制：ソフトウェアの開発体制を構築する。

　この中でも E/E アーキテクチャでは、③の「ソフトウェア開発体制の構築」が非常に重要である。そもそも、ソフトウェア開発者自体が世界的に足りていない状態だ。その中で、ただソフトウェアをつくるプログラマーではなく、ビジネス企画から関与し、構想や仕様設計が可能なエンジニアは極端に限られる（**図表 2-6-2-5**）。そういったエンジニアが、既存商品の維持管理やリコール対応といったことに時間を割いていては、新しい価値は生まれない。

　そのため、既存商品をいかに使い回すか、すなわち共通化/モジュール化を考えることが重要である。共通化は、自動車のコストをソフトウェア開発にシフトさせる意味でも不可欠だ。ハードウェア自体の共通化によって関連部品の流通量を増やし、量産コストを

図表 2-6-2-6　SDV を成立させるための E/E アーキテクチャに必要な 2 つの要件

既存製品の抽象化	・既存製品とつなぎやすくするための仕組み ・インターフェースをつくり、新たにつくるソフトウェアにとって使いやすい、つなぎやすい状態にすることが必要
既存製品の 共通化/モジュール化	・開発リソースを集中させるため、既存製品を使い回せるようにしておくことが必要 ・制御だけではなくハードウェア自体の共通化も必要。開発リソースだけではなく、部品費を削減し、研究開発予算を確保することも必要

既存製品とつなぎやすくするために抽象化し、開発リソースを集中させるために共通化/モジュール化を推進する。（出所：PwC）

下げることが可能になる。また、ハードウェアの共通化は調達面でも有利になる。

　以上をまとめると、**図表 2-6-2-6** に示すように、SDV を成立させるために会社全体として必要な E/E アーキテクチャの要件は、「既存製品の抽象化」と「既存製品の共通化/モジュール化」となる。

2-6-3
E/E アーキテクチャの構成要素

● 物理的な構成

　E/E アーキテクチャを構成する要素は、ハードウェア領域の物理的な構成とソフトウェア領域の論理的な構成の 2 つがある。物理的

な構成とは、自動車を制御するハードウェア構成や配置のことを指す。自動車を制御するハードウェア構成の要素としては、ECU（Electronic Control Unit、電子制御ユニット）やセンサー、アクチュエーター、通信、電源、ワイヤハーネス、クラウド、品質/サイバーセキュリティ対策などがある（**図表 2-6-3-1**）。

これらの内容を詳細に見てみると、例えば通信に関しては、CAN（Controller Area Network）/CAN FD（CAN with Flexible Data rate）/Flex Ray/Ethernet でそれぞれ必要な部品や素子、通信回路が変わる。E/E アーキテクチャを実現する際の投資コストやサービス実現性を考慮する際は、個々の要素の限界点やコストメリット、スケール戦略などを考える必要がある。また、SDV を構成するエコシステムを考慮すると、自動車を制御するハードウェアは車内だけにとどまらず、コネクテッドサービスを支えるハードウェアも含まれる。そのため、IT システムを支えるサーバーも、E/E アーキテクチャの構成部品となる。

● 論理的な構成

論理的な構成とは、ソフトウェアによる制御の配置で、統合制御や単体制御、OS（Operating System、基本ソフト）などのミドルウェア、ドライバ、論理的な結合、品質/サイバーセキュリティ対策などがある。さらに論理的な制御は、センサーやアクチュエーターといったデバイスの物理的な挙動に直接関係する制御と、それらの制御値を使って横断的なサービスを行う制御（自動運転における判断する機能など）、制御自体を補助するための制御（OS/電源制御/通信制御など）に分けられる。

図表 2-6-3-1　E/E アーキテクチャの構成要素

構成要素			要素例
【目的】 既存製品の抽象化、標準化を達成するアーキテクチャを構築する	物理 (ハードウェア領域) アーキテクチャ	ECU (電子制御ユニット)	搭載位置、サイズ、CPU/GPU (画像処理半導体)、アートワーク、ECU 自体の数など
		センサー アクチュエーター	搭載位置、サイズ、素子、 ECU 自体の数など
		通信	通信方式、通信回路や素子、ゲートウェイ有無、ワイヤハーネス量、コネクタ数
		電源	供給電圧・バッテリーサイズ、ヒューズ、マネジメント、ワイヤハーネス量
		物理的な接続 (ワイヤーハーネス)	ワイヤの重さ、太さ、コネクターの形状や数
		クラウド	サーバー設計、ネットワーク設計
		品質/サイバーセキュリティ対策	冗長性要否、サイバー攻撃対策
	論理 (ソフトウェア領域) アーキテクチャ	統合制御 (横断的なサービスを行う制御)	自動運転の判断をつかさどる機能、車両のモード切り替えなど
		単体制御	メーターの画面制御 ABS (アンチロック・ブレーキ・システム) の制御など
		OS (基本ソフト) などのミドルウェア (制御を補助する制御)	通信制御、電源制御、OS など 通信データ/量、制御の関連性
		ドライバ (物理的に直接関係する制御)	燃料噴射、 ブレーキ制御など
		論理的な結合	通信データ/量、制御の関連性 電源遷移、クラウドと自動車連携
		品質/サイバーセキュリティ対策	冗長性要否、サイバー攻撃対策

ここに示した E/E アーキテクチャの要素を最適に構成することが求められる。（出所：PwC）

　以上のように、E/E アーキテクチャを設計する際には物理的・論理的な構成要素について、最適な組み合わせを考えて配置することが求められる。

2-6-4
E/E アーキテクチャの進化の歴史

● SDV レベル 1 からレベル 2（分散型アーキテクチャ）

　もともと E/E アーキテクチャは、制御 ECU の歴史そのものである（**図表 2-6-4-1**）。レベル 1 の段階では、車載 ECU にエンジン制御やブレーキ・ステアリング系の制御といった役割が与えられたが、当時は車内に分散された ECU を単独でワイヤハーネスでつなげている状態だった。その後、2000 年代になってくると、多くの機能がソフトウェアで制御されるようになり、さらに車内通信の共通規格として CAN 通信が普及し始める。これがレベル 2 の段階で、自動車の電動化が進むにつれて ECU の数も増え、ワイヤハーネスを減らすために CAN 通信によって様々な ECU がつながる状態になる。

　一方で CAN 通信はバス型であり、物理的に接続できる ECU の数が制限される。そのため、物理的には切り離されるものの論理的にはつなげたいため、ゲートウェイ ECU が登場する。それによって、商品バリエーションが増えるたびに ECU を付け足したり、既存の ECU 自体の設計を都度変更したりする対応が必要になり、設計の負担が重くなることが課題になった。

● SDV レベル 3（ドメイン型アーキテクチャ）

　こうした課題を解決するために登場したのが、レベル 3 となる

図表 2-6-4-1　E/E アーキテクチャの歴史と SDV レベル

SDV →

	Mechanical Controlled Vehicle 0 (機械制御車両)	E/E Controlled Vehicle 1 (電気電子制御車両)	Software Controlled Vehicle 2 (ソフトウェア制御車両)	Partial Software Defined Vehicle 3 (部分ソフトウェア定義車両)	Full Software Defined Vehicle 4 (完全ソフトウェア定義車両)	Software Defined Ecosystem 5 (ソフトウェア定義エコシステム)
SDV Level	一部機能は電子制御されるが、多くの機能は機械的に制御	一部機能は独立した ECU の小規模マイコンおよびソフトウェアで制御され、多くは電気電子制御	多くの機能がソフトウェアで制御され、リコールなどの修正対応でソフトウェアアップデートする一方で、OTA はインフォテインメントのみで活用	ドメインアーキテクチャにより ECU 統合化が進み、制御系を含め OTA により一部機能アップデートが可能	ゾーンアーキテクチャにより機能配置の最適化 / 拡張性が増し、OTA により制御系含む複数の機能アップデートにより新価値の継続的提供が可能	モビリティの内と外がシームレスに接続され、エコシステム全体で常時最新かつ最適なサービスが提供され、ユーザータッチポイントが拡大
E/E アーキテクチャ	(N/A)	分散 / 独立した ECU	ECU 数が拡大し、CAN バスによる ECU ネットワーク管理	機能統合が進み、ドメインアーキテクチャおよび一部セントラル化に移行。一部 Ethernet により ECU 間通信が高速化	ハード / ソフトウェアディカップリングにより、機能配置の最適化 / 機能統合が進み、ゾーン型 E/E アーキテクチャおよびセントラル化を実現。ハードウェアリッチな設計による予約設計も増加。大部分が Ethernet により高速化	モビリティ外とのコネクティビティ向上に伴う通信の高品質化（冗長 / 低遅延）による、車載システムのモビリティ外移行。プラグアンドプレイによるハードウェアアップデートによるモビリティのさらなる価値継続
背景	(N/A)	エンジン制御やブレーキ制御をするために ECU がつくられる それぞれの制御で他の ECU の情報が必要な時に 1 対 1 でつながる	CAN 通信が採用され、共通規格の下、1 対他の接続を行うようになる ECU の数が多いため、後付けで ECU を付けるようになる	結びつきが強い制御とそうではない制御を分けてなるべく共通設計を進める マイコンなどの制約があるため、論理的な配置を重視した構成をつくる	マイコンスペックなどの制約が緩和される 物理的にも軽く、部品点数を減らした構成を構築する 論理と物理が別になるため、機能統合が進み物理の最適配置と物理の最適配置をそれぞれ追求する構成を採る	—

E/E アーキテクチャでは、制御 ECU が増えていくにつれ、1 対 1 での物理的なつなぎ方から、物理/論理双方での最適なつなぎ方へと、追求の方向は進化している。（出所：PwC）

　「ドメイン型アーキテクチャ」である。これは、関係性が高い制御を物理的に同一のネットワーク上に配置し、関係性が比較的低い制御を論理的にのみつながるように配置した（論理的な配置を重視した）構成になる。

　一方で、論理的な配置を重視した構成では、部品のコストが増えることが新たに課題となった。それは、レベル 1 から 3 の構成の前提になっているのが、マイコンのスペックであることに起因してい

る。自動車のマイコンは高信頼性（いわゆる車載品質）が求められるため、パソコンで使用されるような CPU（Central Processing Unit、中央演算処理装置）は採用されなかった。そして、厳しいコストの中で部品を選定するため、マイコンのスペックは必要最低限となる。そうなると、ECU の機能が必然的に限定され、物理的に離れたものでも 1 つの ECU で制御することになるため、それらをつなぐワイヤハーネスが長くなりコストに影響を与えた。

● SDV レベル 4（ゾーン型アーキテクチャ）

レベル 4 では、技術の進化によってマイコンのスペックに制約がなくなり、制御の配置および物理的な配置の最適化が考えられるようになった。そうなると、物理的には部品点数が少なくなり、共通化によるスケールメリットが出せる。そうして生まれた構成が、「ゾーン型アーキテクチャ」である。

ゾーン型アーキテクチャは、物理的にはセンサーやアクチュエーターに一番近いところに制御を配置する。論理的には、それらの制御情報を使って統括制御を行う。このように、論理的な構成と物理的な構成を完全に切り離すことができ、それぞれで最適配置が可能になる。これによって、統括制御とセンサー/アクチュエーター制御を高速/高信頼通信でつないで省線化し、ワイヤハーネス自体や部品点数全体を減らせるようになった。

レベル 4 はアーキテクチャの構造的にはレベル 3 と同じだが、物理的な最適化と論理的な最適化を個々に構成できるようになった。その発想自体は難しくないし、一から制御や部品をつくれるのであれば技術的に実現可能だ。実際に新興 OEM は、レベル 4 の構成を

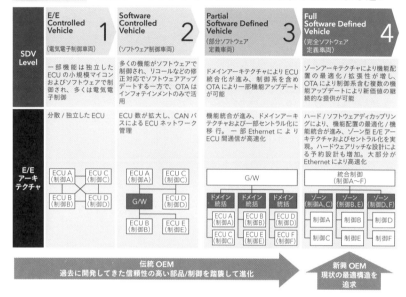

伝統 OEM は、過去から積み上げた信頼性の高い部品や制御を活用しながら適宜進化を図る一方、ゼロからの開発となる新興 OEM は、実現可能な最適構成を追求できる。（出所：PwC）

採用して自動車を造ろうとしている（**図表 2-6-4-2**）。

　一方、伝統 OEM はレベル 1 から 3 まで、信頼性が高い部品や制御を踏襲して自動車づくりを進化させ、レベル 4 に移行しようとしている。実は、そこには非常に大きな壁がある。伝統 OEM が踏襲してきた、信頼性の高い部品や制御をレベル 4 に合わせるには、大きな仕様変更が必要になるのだ。そして、その仕様変更は非常に難しい。

　このような背景から、新興 OEM と伝統 OEM の E/E アーキテクチャに対するアプローチの違いが、次に紹介する E/E アーキテクチャの課題につながっていく。

2-6-5

E/E アーキテクチャの課題

● 新興 OEM と伝統 OEM の違い

新興 OEM と伝統 OEM の違いは、標準化、コストシフト、インターフェースといった面から顕著である。例えば標準化に関しては、新興 OEM はハイスペック CPU を導入することで、様々な車種に同様の制御を入れることが可能になる。それに対して、伝統 OEM は過去につくった信頼性の高い ECU があるため、ハイスペック CPU で全ての制御を標準化することが難しい。

コストに関しても、伝統 OEM は従来からつくってきた信頼性の高い部品で自動車を構成しているため、それらを全部つくり直して物理的な最適化を再構成することが難しい。こうしたことからも、新興 OEM の方がコストシフトしやすい。さらに、統合制御のところでインターフェースをつくってしまえば、全ての制御をそこにつなげればいいためつくりやすい。そこにも、伝統 OEM の限界がある。

● 伝統 OEM の課題

では、なぜ伝統 OEM は新興 OEM と比べて、E/E アーキテクチャの進化が遅れているのか──。そこには、サプライヤーとの歴史、商品ラインアップ、人的要因という大きく 3 つの課題がある（**図表 2-6-5-1**）。

図表 2-6-5-1　E/E アーキテクチャを進める上での伝統 OEM の課題

区分	内容
サプライヤーとの歴史	・サプライヤーが開発を担い、品質やコストなどについて多くのノウハウを持つ ・過去のECUの成り立ちから特定のECUや部品に強い一方で、統合的な検討が可能なサプライヤーが限られている ・自動車OEM側もサプライヤーごとに担当が決まっているため、統合的な検討を具体化する体制になりづらい
商品ラインアップ	・特に日本の自動車OEMは大衆車を造ることが得意なため、グローバル販売向けに多数のラインアップを持つ ・良品廉価の商品を造るため、1台ずつのコスト管理が厳しい ・そのため、下手な共通化によるコストアップを避ける傾向にある
人的要因	・自動車の開発は平均して2〜3年であり、企画から製品リリースまで考えると5年に及ぶ。製品が世の中で流通するのは十数年単位となる ・エンジニアとして、一つの制御領域を5年かけてキャリアとして形成する。知見者として2〜3世代担当する場合、十数年単位のキャリアとなる ・一制御領域の知見者が製品化の重要なキーマンとなるため、個別最適化の判断になる可能性がある

SDVになると、サプライヤーとの関係性、商品ラインアップへの対応、人的要因といった、これまでの強みが一転、課題に変化する。（出所：PwC）

　そもそも、伝統OEMはサプライヤーによって支えられてきた。現状でも、自動車開発はサプライヤーが重要な技術を担っている。例えば過去を振り返ると、エンジン制御から始まり、ブレーキ制御など部品制御ごとに部品があり担当するサプライヤーが決まっていた。そのため、特定のECUや部品を統合させるとしても、制御の垣根を越えてサプライヤーに一括開発を頼むことは難しい。

　また、大衆車を造ることが得意な日本の伝統OEMは、グローバル向けに多数の商品ラインアップを持っている。それらは良品廉価の観点から1台当たりのコスト管理が厳しく、制御や部品を共通化するとなると、車種によってはコストアップになる可能性もある。

　さらに、自動車開発はライフサイクルが長く、1つの車種で最低3年、企画から検討したら5年以上かかることもある。すなわち、

エンジニアは1つの部品や制御で5年以上キャリアを積むことになり、2世代目、3世代目まで対応すると、十数年に及ぶキャリアを積むことになる。そうしたエンジニアは、知見者として重要なキーマンになるが、それまでの制御の考え方を捨てて全体最適を目指しても、なかなかうまくいかない。結局、経営目線で商品ラインアップを考え、個々の制御を最適化するという発想ができる人材を、いかに会社の中で育てていくかが大きな課題になる。

2-6-6 SDV開発に向けた提言

● 統合アーキテクチャへのシフト

今後は、統合アーキテクチャにシフトしていくことが、価値あるソフトウェアを創出するために必要な施策になると考える。その際には、標準化、コストシフト、インターフェースに注力する必要がある。標準化に関しては、商品ラインアップとしてなるべく共通なものをつくる。例えば、ソフトウェアを切り替えるだけで機能の追加や削除ができるようにハードウェア、ソフトウェア全てを共通化し、コンフィグ設定だけ対応できるようにすることが考えられる。また、ハードウェアのコストダウンはなるべくスケールメリットを出していく。ラインアップが多ければ、全てのラインアップに対応できるようにする。

コストシフトに関しても、車両個別での量産効果ではなく、商品

ラインアップ全体での量産効果を目指す。その際には、ハードウェアのスペックを絞るのではなくリッチにすることで、量産効果を拡大させる。

インタフェースについては、ソフトウェアで使いやすい形に抽象化を進める必要がある。ハードウェアの情報をただインターフェースにより提供するのではなく、自動車がどういう状態であるか、ユーザーはどういった行動をしているか、といった情報をハードウェア情報からつくり出し、サービス連携がしやすいインターフェースをつくることが必要と考える。こうして、ソフトウェアの開発効率を上げるような統合アーキテクチャをつくり上げることが必要なのである。

● サプライヤーとの関係の再構築

重要部品は全て内製化を行い、短期で自社最適の開発を行う体制を整えることが理想的である。しかし、サプライヤーと連携して開発を進めている状況を考えると内製化にいきなりシフトすることは難しいと考えている。そのため、サプライヤーとの関係を見直し、自動車 OEM とサプライヤーが共通化を目指して一体で開発することを志向するような製品戦略を経営レベルで合意して、体制を構築することが必要であると考える。既存制御の見直しと共通化によってスケールメリットが生まれる企画に合意し、部品設計を行う。さらに、自動車 OEM 間の連携によって共通設計を増やすことで、スケールメリットが出るようにしていく。国内市場の競争ではなく、自動車の競争領域/協調領域を明確にし、協調領域の部分を自動車 OEM 横断で共通化し、そこが強いサプライヤーが一括で部品共有

を行えるように連携する。そして、そういった部品を組み合わせることで、自動車 OEM 自体が競争領域にリソースシフトするような全体最適化する連携を実現する必要がある。

その上で、競争の源泉となるようなソフトウェア開発については、自動車 OEM とサプライヤーで子会社をつくり、新規サービスを含めた開発を加速させ、それを自動車 OEM が採用するような体制が構築できればよいのではないかと考える。

● 商品ラインアップ

商品ラインアップへの対応が可能なように、共通化を推し進めることが必要である。現状のように収益が好調な時に、共通化によるコスト負担を収束させておく。そのためには、自動車の装備の有無を実現する際に部品バリエーションで対応し車両価格を変えるような仕組みを改めるべきだと考える。装備の有無を部品バリエーションで実現すると、部品の数が増えて組み合わせが膨大となり、共通化できない状態になってしまうからだ。なるべく部品は共通化し、可能であれば前述したように機能はソフトウェアによって動作しないように設定しておく。そして、課金により機能が使用できるようソフトウェアで制御する。このように、商品ラインアップを考える際には、共通化の概念を念頭に最適化する方法を考える必要がある。

● 人材への対応

人材のローテーションが何より必要である。エンジニアでも、量産経験から先行研究や企画についてキャリアが得られるようにしていく。さらに、実を知るエンジニアを育てつつ、企画の大変さや必

要性を体感してもらって経験値を付け、最終的には適材適所に配置する。E/E アーキテクチャは多くのところで劇的な変化を生み、開発自体、非常に大変なものになると考える。その際、なぜ大変な開発をする必要があるのか、なぜ現状の安定した品質の製品を変えてまで実施する必要があるのか、といったことを納得し自分事として捉え、前向きに取り組める人材を一人でも多く増やせるような環境を整える。こうした施策に取り組まないと、検討してきた戦略はうまくいかないだろう。

2-6-7
SDV の将来展望

将来、標準化が進んでインターフェースが簡素化されるようになると、ハードウェア自身もソフトウェアと同じように抜き差しできて、車両自体の価値を押し上げることが可能になると考えられる。例えば、エンジン車と EV（Electric Vehicle、電気自動車）の切り替えも、ハードウェア自体が取り外し可能になれば車両全てを変えなくて済む。タイヤを交換するのと同じようにシートが変えられれば、いつでも新車に乗っている気分が味わえるに違いない。

そうしたパーツを、自動車部品専門店ではなくインテリアショップで購入できたり、家電量販店で電装部品が購入できたりするようになれば、商品売買の機会を増やしマーケットを広げることにもつながる。そういった未来のためにも、E/E アーキテクチャを整えていくことがとても重要であると考える。

2-7

ソフトウェア開発

(2-7-1) SDV のソフトウェア開発に求められる アプローチ

● DevOps による開発と運用

　SDV（Software Defined Vehicle、ソフトウェア定義車両）は、自動車購入後もユーザーの選択とフィードバックを基に機能を柔軟に追加・拡張することで自動車の価値を増大することができる。従来の自動車業界では、修正以外のソフトウェアの更新は積極的には行われてこなかったが、SDV の時代ではユーザーの期待に応じた機能の迅速なリリースや持続的なアップデートが求められる。そして、これこそが競争優位の源泉となる。

　こうした頻繁なリリースやアップデートを実現するには、効率的かつ自動化されたソフトウェア開発のプロセスが必要である。そこで不可欠となるのが、開発（Development）と運用（Operations）を一体化する「DevOps」のアプローチだ（**図表 2-7-1-1**）。

　DevOps では、開発チームと運用チームが密接に連携し、ソフトウェアのリリースや運用、監視を迅速かつ安定的に行う。従来のように開発チームと運用チームが分離している環境では、ソフトウェアのリリースに時間がかかったり、運用中の問題に迅速に対応でき

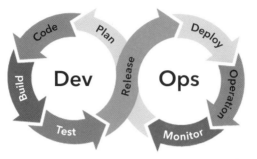

図表 2-7-1-1　DevOpsのソフトウェア開発アプローチ

開発と運用を一体化することで迅速なリリースを実現する。（出所：PwC）

なかったりする。これに対しDevOpsでは、これらのチームが一体となって作業を進めることで、障害の早期発見や復旧、そして迅速なリリースが可能になる。

● CI/CDによるソフトウェア検証の自動化

　SDVを構成する複雑で多機能なソフトウェアの場合、機能の追加や変更が行われるたびに全体のコードが影響を受ける可能性がある。そのため、DevOpsとともに、SDVのソフトウェア開発を進める上で、CI/CD（Continuous Integration/Continuous Delivery、継続的インテグレーション/継続的デリバリー）パイプラインが不可欠になる。

　CIは、開発者が書いたコードをリポジトリ（コードの格納庫）上で統合し、自動的にテストが行われるプロセスのことである。CDは、CIによって統合されたコードのビルド（ソースコードから実行可能なプログラムを生成すること）からテストを実行した後、ステージング、さらには本番環境へのデプロイまでを自動化する。

無線通信の OTA（Over The Air）でリアルタイムにソフトウェアを
更新する場合、いかに開発から運用までのサイクルを短縮し、運用
中のデータをフィードバックに活用するかが重要である。このた
め、DevOps と CI/CD プロセスの導入が、SDV の迅速なリリース
を支える重要な基盤となる。

● DevOps における KPI

CI/CD プロセスが整備されると、次に重要なのが、開発チーム
のパフォーマンスを測定するための指標設定である。従来の QCD
〔Quality（品質）、Cost（コスト）、Delivery（納期）〕に加え、Four Keys
が新たな KPI（Key Performance Indicator、重要業績評価指標）として注目さ
れている。

Four Keys とは、「デプロイ頻度」「リードタイム」「変更失敗率」
「障害からの復旧時間」の 4 つの指標であり、CI/CD を導入した開
発環境におけるパフォーマンス指標として重要である。

・**デプロイ頻度**：ソフトウェアがどれだけ頻繁にリリースされるか
　を示す指標。頻繁なリリースは競争力の源泉となり、迅速にユー
　ザーのニーズに対応できる。
・**リードタイム**：コード変更からリリースまでに要する時間。短い
　リードタイムは、迅速なフィードバックと修正が可能であること
　を示す。
・**変更失敗率**：デプロイ後に発生する障害やエラーの割合。失敗率
　を低く保つことで、品質の高いソフトウェアを提供できる。
・**障害からの復旧時間**：障害発生後、システムが正常に復旧するま

での時間。迅速な復旧は、システムの信頼性とユーザー体験の向上につながる。

DevOps のアプローチでは、これらの指標を監視し、開発と運用の両方で改善を図ることが重要である。開発段階でのテストや自動化されたプロセスを通じて変更失敗率を低く抑え、運用中の障害復旧時間を短縮することで、安定したユーザー体験を提供できる。

さらに、SDV は利用者の選択とフィードバックを基に機能が追加・拡張されるため、利用者の満足度やフィードバックも重要な指標となる。

● Team Topologies による開発チームの編成

Team Topologies では、次の4つのチームタイプが提唱されている。これにより、各チームが特定の役割に特化し、効率的かつ効果的に開発を進めることが可能になる。

1. **ストリームアラインドチーム**：エンドユーザーに直接影響を与える製品や機能の開発を担当する。SDV 開発では、自動運転機能やインフォテインメントシステムなどのドメイン開発に焦点を当てたチームが該当する。
2. **イネイブリングチーム**：ストリームアラインドチームが効率的に作業できるよう、技術的なサポートを行う。SDV では、テスト自動化ツールや開発フレームワークの導入をサポートするチームがこの役割を果たす。
3. **コンプリケイテッド・サブシステムチーム**：特定のサブシステ

168

ムに特化し、高度な技術的知識を必要とする開発を担当する。
SDV では、自動運転に利用される機械学習モデルの作成や高
度なセンサーデータ処理を行うチームが該当する。

4. **プラットフォームチーム**：他のチームが効率的に作業できるよ
うに共通のツールやプラットフォームを提供する。CI/CD パ
イプラインやクラウドインフラの管理を行い、全体の開発効率
を高める。

● チーム間の連携

こうした Team Topologies は、各チームが効率的に連携するため
の明確な枠組みを提供している。SDV のような大規模プロジェク
トでは、これらのチームが適切に配置され、効率的に連携すること
で、プロジェクトのスケーリングが可能となる。イネイブリング
チームが技術支援をしながら、コンプリケイテッド・サブシステム
チームが提供するサブシステムや、プラットフォームチームが提供
する基盤を活用し、ストリームアラインドチームが利用者向けの新
機能を迅速に開発する流れが望ましい。

● プラットフォームエンジニアリングによる生産性向上

従来、それぞれの開発チームが個別にインフラストラクチャーを
管理しリソースを調達するのは、手間がかかり非効率だった。一方
で、SDV のようにリアルタイムに機能をアップデートし続けるシ
ステムでは、開発速度とリリース頻度が極めて重要である。

そこでプラットフォームエンジニアリングは、開発チームに対し
て標準化された開発ツール、CI/CD パイプライン、セキュリティ

ポリシーが適用されたインフラリソースの提供を自動化し、直接インフラを管理する負担を軽減する。例えば、車両のセンサーデータを分析するためのデータパイプラインやテスト環境の自動生成、さらには異なるデプロイメント環境（ステージング、本番など）を標準化された方法で提供することが可能となる。これにより、開発チームはインフラの詳細に煩わされることなく、サービス開発に専念できる。

　また、プラットフォームエンジニアリングは DevOps と密接に関連する。開発と運用の垣根をなくし、CI/CD パイプラインを通じてコードが自動的にデプロイされ運用に移行する。SDV 開発では、セキュリティやコンプライアンスの要件を自動的に適用し、どの開発チームでも一貫した基準に基づいてコードをリリースできるようにすることで、リリース速度と運用の信頼性が向上し、開発者が自信を持って迅速にコードをリリースできる環境が整う。

2-7-2

AI を活用した開発生産性の向上

● コード生成と AI

　AI（Artificial Intelligence、人工知能）は、自動運転のサポートといった車両本体での活用以外にも、生成 AI の登場によりソフトウェア開発領域における業務の生産性向上にも大きく貢献する。例えば、AIはコード生成において、これまで開発者が手動で行っていた作業の

一部を自動化し、業務効率を飛躍的に向上させる。特に、定型的な
コードの生成に AI を活用することで、開発者はより創造的で付加
価値の高い作業に集中することができる。

　AI によるコード補完やリファクタリング（プログラムの外部から見た
動作を変えずにコードの内部構造を整理すること）も、開発プロセスの効率
化に貢献している。例えば、AI がプログラム内の冗長なコードを
自動的に特定し、適切なリファクタリングを提案することで、開発
者が見落としがちな改善点を効率的に修正できるようになる。

　AI 支援によるコード生成は特に大規模なプロジェクトで有効で
あり、SDV のような複雑なシステムでは手動でのコード記述の時
間を削減し、開発者がより重要な部分にリソースを集中できるの
で、初期開発からリリースまでの時間が大幅に短縮される。

　さらに、AI はコード生成だけではなく、開発ドキュメントの自
動生成にも活用できる。AI 技術を活用することで、コードから自
動的に技術ドキュメントや API（Application Programming Interface）ド
キュメントを生成することで、開発者がドキュメンテーションにか
ける時間を短縮する。これにより、開発者の全体的な生産性が向上
する。

● テストの自動化と AI

　従来、ソフトウェアのテストは手動で行われ、多大な時間と労力
を要した。しかし、AI を活用したテストの自動化によって、このプ
ロセスは劇的に効率化される。特に SDV のような車両システムに
おいては、センサーや通信機能といった複雑な要素を含むテストを
実施するため、その範囲は広範にわたり、AI が重要な役割を果た

す。

　AI は、テストケースの自動生成やテスト結果の分析を実施し、手動では検出に時間がかかるバグや欠陥を素早く特定する。パターン認識技術を用いて過去のテスト結果や不具合データを解析すれば、将来的な問題の発生を予測することも可能だ。これらにより、バグの発生頻度を低減し、リリース前に潜在的な問題を解決することが期待できる。

　さらに、AI をシミュレーション環境に用いることで、実際の物理環境ではテストが難しいシナリオを再現し、車両がどのように反応するかを検証できる。例えば、自動運転システムの挙動を様々な道路状況や天候条件でテストし、安全性を確認するために AI を活用したシミュレーションを実施することで、実車でのテストが難しい状況下でもリスクを最小限に抑えられる。

● 開発プロセス全体の最適化と AI

　AI は開発プロセス全体の最適化にも、活用が期待されている。SDV の開発は多くのステークホルダーや複数のチームが関与し、開発規模が大きくなるため、プロセス全体の効率をいかに向上させるかが重要となる。ここでも、AI は大きな力を発揮する。

　AI は開発プロセス全体をリアルタイムで監視し、各ステージでの進捗やボトルネックを自動的に特定できる。例えば、あるチームのプロセスが遅延している場合、その原因を特定し、解決策を提示する。さらに、AI は過去のプロジェクトデータを分析し、どの工程が非効率か、どの部分で改善が必要かを提案し、開発のスピードと効率を向上させるのに役立つ。

2-7-3
自動車におけるソフトウェア開発の将来像

● SDV におけるソフトウェア開発のポイント

　SDV のソフトウェア開発で求められる DevOps では、通常の工程のように開発が行われるが、その後実際にソフトウェアが運用されると、様々な調整課題などがフィードバックされ、改めて開発が実施される。こうした工程を何度も繰り返すことによって、新しい機能やサービスを継続的に提供していく（ **図表 2-7-3-1** ）。

　自動車のソフトウェア開発における DevOps を簡略化して示したのが、**図表 2-7-3-2** だ。まずは、自動車向けソフトウェア開発のプロセス標準モデルである「Automotive SPICE（Software Process Improvement and Capability dEtermination）」などを使って「①要求設計」を行い、自動車に搭載したい機能などを設計する。その後、動作確認などのために「②テスト」を実施し、「③市場投入」する。そして、ユーザーがどのようにソフトウェアを使っているかを知るために「④市場データの収集」を行う。そのデータに基づき、①に戻ってまた新しい要求を設計していくといった流れになる。こうしたサイクルをアジャイル開発の手法で回していく。

　今後は、ソフトウェアを市場にリリースする時間を極限まで短くしていくことがポイントになる。実車評価についても、これまで自動車 OEM（自動車メーカー）は実際の車両を使って自社のテストコースなどで評価していたが、今後は生成 AI を活用したシミュレー

図表 2-7-3-1　SDV におけるソフトウェア開発のフロー

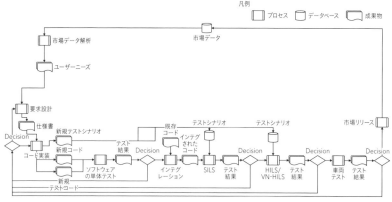

開発後も様々な調整課題をフィードバックしながらソフトウェアの更新を実施していく。（出所：PwC）

図表 2-7-3-2　DevOps による SDV のソフトウェア開発サイクル

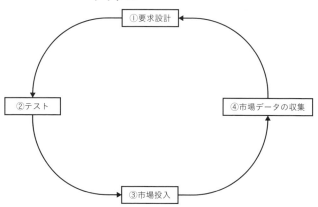

「①要求設計」「②テスト」「③市場投入」「④市場データの収集」を繰り返す。（出所：PwC）

ション手法による自動評価などを拡大させていく。ただし、最初から ADAS（Advanced Driver-Assistance Systems、先進運転支援システム）などの安全性に関わるものに採用するのではなく、IVI（In-Vehicle Infotainment、車載情報通信）やナビゲーション、エンターテインメントなど安全に関わらないところから導入していくことになるだろう。

　ここからは、各開発サイクルの詳細を見ていこう。

● 要求設計でユーザーニーズをしっかりインプット

　要求設計では、実際に市場データを解析し、ユーザーがどういう機能やサービスを欲しがっているのかを明らかにする。そうしたニーズをインプットして、自動車 OEM や部品メーカーが自動車に対する要求を設計し、仕様書を作成する（**図表 2-7-3-3**）。

　現在、要求仕様のインプットの大半は、自動車 OEM の社内から集められた意見だ。仕様書の作成に関しても、フォーマットやルールなどが統一されていないため、担当者同士での内容説明やすり合わせに時間がかかっている。SDV に求められるユーザーフィードバックに基づいたアップデートを行うためには、市場データを解析して得られたユーザーニーズをインプットする仕組みが必要となる。また、開発スピードを上げ迅速なリリースを行うためには、仕様書からコードを生成 AI を用いて自動生成することが望ましい。そうしたシステムの構築に向けた仕様書の書き方やルールを決めていく必要がある。

● 生成 AI でコード実装を自動化

　続くソフトウェアのコード実装に関しては、従来の自動車 OEM

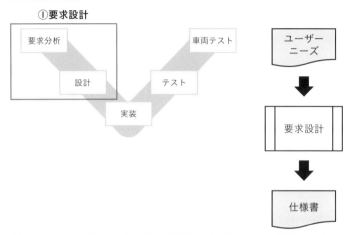

図表 2-7-3-3　要求設計

市場データからユーザーニーズを分析し、仕様書に落とし込んでいく。（出所：PwC）

のほとんどは内製できていない。自動車OEMにとってECU（Electronic Control Unit、電子制御ユニット）は、ハードウェアやソフトウェアがセットで箱に入ったブラックボックスであり、コードなどは全く見られないのが現状だ。

　将来的には、ブラックボックスのソフトウェアに関して、仕様書を生成AIに入力してコードを自動実装させる。併せて、そのコードをテストするためのテストコードとテストシナリオ、さらにADASシステムなどのシステム単位でも試験できるようなテストシナリオをアウトプットさせる（**図表 2-7-3-4**）。その際、生成AIには市場実績のあるコードをしっかりと学習させ、品質的に問題のない仕組みをつくっていくことが重要になる。

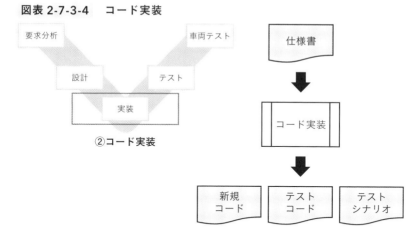

図表 2-7-3-4　コード実装

②コード実装

仕様書を生成 AI に入力してコードを自動実装させて新規コードを作成し、さらにはテストコードとテストシナリオをアウトプットさせる。（出所：PwC）

● ソフトウェアの単体テストおよびインテグレーション

　コードを作成したら、次の工程としてはソフトウェアの単体テストとインテグレーション（統合）になる（**図表 2-7-3-5**）。作成された部品（モジュール）単位のソフトウェアに問題がないかどうかを、テストコードを入力して判断する。IT 業界では、既にこうした工程を自動化する、CI/CD パイプラインが構築されている。このパイプラインを通して、部品レベルで自動テストを実施し、合格した部品はシステム全体（既存コード）に統合させるところまで進んでいる。

　将来的には、SDV ではこうした仕組みを実車相当のシミュレーション評価まで導入していく必要がある。不合格になったソフトウェアについても、その情報を再び生成 AI にインプットし、ソフトウェアを修正し、それを再度パイプラインに通すようなことも自

図表 2-7-3-5　単体テストとインテグレーション

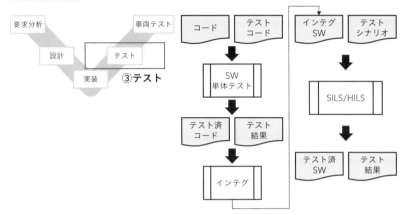

部品レベルでソフトウェア（SW）のテストコードを入力して自動テストを実施し、合格した部品はシステム全体（既存コード）に統合〔インテグレーション（インテグ）〕させていく。（出所：PwC）

動で行える仕組みが必要になってくるだろう。

● 様々な交通状況を再現するソフトウェアのシミュレーション

　前工程で合格したソフトウェアが既存コードと統合されると、次の工程ではSILS（Software In the Loop Simulation）と呼ばれるシミュレーションのテスト工程に入る（　図表 2-7-3-5　）。現在、日本の自動車OEMはまだSILSによる複雑なシミュレーションができないため、簡易的なシナリオで実施している状況だ。

　SILSは、海外の新興自動車OEMが先行している。例えば、実際の街をシミュレーションの中で再現し、そこで自動車を走らせてADASや自動運転などに必要な多数のデータを取得している。実際に街を走らせるテストでは難しい人や動物の飛び出しなども、シミュレーションでは様々なタイミングで再現できる。将来的には日

本の自動車メーカーにおいても、テスト期間をできるだけ短くし、品質を高めていくために、こうした SILS によるシミュレーションを拡大していく必要がある。

　シミュレーションの中では、様々な天候をはじめ、水ぬれや凍結などの道路状態や渋滞といった交通状況を可能な限り再現して評価できるようにする。こうしたシミュレーションの環境づくりを生成 AI が担う仕組みづくりも必要だ。さらに、新規作成分のテストシナリオや従来からの品質保証に必要なテストシナリオなども自動で実施し、そのテスト結果も自動判定できる仕組みも求められる。

　シミュレーションテストの結果、不合格であればソフトウェアの単体テストのように、再度コードを自動生成させる必要がある。しかし、システムレベルの不具合になると、そもそも要求設計に問題がある可能性もあることから、原因がコードにあるのか設計にあるのかの判断も必要となる。その結果、そもそもの要求設計に問題があった場合は、人が改めて仕様書をつくり直す。このように、人と AI の役割をきちんと切り分け、設計は正しくてコードが間違っている場合は、AI が再度コードをつくり直すような仕組みも必要になるだろう。

　一方で、ECU のテストに関しては、HILS（Hardware In the Loop Simulation）、もしくはそれらを大量につなげてシミュレーションする VN-HILS（Vhichle Network - Hardware In the Loop Simulation）に移行しつつある。ただし、どちらも電源を継続的に入れておくことから火災リスクを伴い、安全面から常に人をつけておかなければならない。将来的には、こうした部分も自動化できるような仕組みをつくっていく必要がある。

SILS はテストの速さや柔軟性に優れるが、テスト対象はソフトウェアに限定される。HILS はハードウェアまで含めたテストが可能となるため、テスト準備に時間がかかる。このようにそれぞれ特徴があり、今後は必要に応じて使い分けていくことになるだろう。

● 新手法が広まる車両テスト

最後の車両テストの工程では、現在は、自動車 OEM が試験車両を自社のテストコースなどで走らせてエンジニアが評価するのが一般的だ。しかし将来的には、DevOps によって市場にリリースしてからもソフトウェアを継続的に更新し続けることを考えると、テストに使われるのは試験車両ではなく、市場に出回っている既販車になっていくと考えられる。そうなれば、テストコースを使わなくても、日常的にデータが取れる。既に、新興自動車 OEM が採用しているカナリアテスト（一部の特定のユーザーにだけ新しいバージョンを配ってテストする手法）や、シャドーモード（従来のバージョンと並行して裏で新しいバージョンのソフトウェアを動かしながらテストする手法）と呼ばれる新しい車両テストの手法が広まっていくだろう（ **図表 2-7-3-6** ）。

カナリアテストでは、希望する一部のユーザーにだけ新バージョンのソフトウェアを配布してテストしデータを取得することで、開発段階からユーザーの目線を織り込んでいける。シャドーモードに関しては、従来の自動運転ソフトウェアを動かしながら、新バージョンのソフトウェアを ECU に書き込み、新バージョンのソフトウェアが正しく動作しているか、既存のソフトウェアとの差はどれくらいあるのかといったデータを取得している。

以上のように、人が仕様書を発行した後は AI を活用して、自動

図表 2-7-3-6　車両テスト

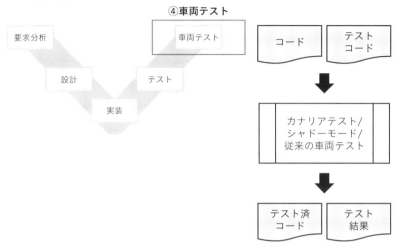

車両テストに使われる車両は今後、試験車両から、市場に出回っている既販車に移行していくと考えられる。(出所：PwC)

でソフトウェアをテストするような CI/CD/CT（Continuous Test、継続的テスト）パイプラインが構築できれば、DevOps のサイクルが回り出して SDV の品質も向上する。そこでは、AI を活用して開発工程を短縮する一方で、いかに品質を保証していくか、両者のバランスを取ることが重要になってくるだろう。

● 今後の展望

　将来的には、設計者が仕様書を作成した後の工程は、自動化されていくことが想定される。しかし、いくつかの懸念点がある。
　まず、スピード向上に伴う品質の低下が懸念される。自動化によりテストの効率は上がるが、全てのケースを網羅することは難しく、特にエッジケースに対する対応が不十分になる可能性がある。

これにより、予期せぬ不具合の発生が懸念される。

　次に、自動化が進むことでエンジニアの介入が減り、エンジニアの技術力の低下が懸念される。自動化ツールに依存することで、エンジニアが実際のコードやシステムに触れる機会が減り、結果として技術力の維持・向上が難しくなる可能性がある。

　さらに、過去のトラブル（過去トラ）の活用についても課題がある。過去トラはエッジケースの具体例が多く、これをテストの自動化の工程にどのように組み込むかが品質保証のカギとなる。全ての過去トラを確認しようとすると、開発スピードが遅くなるリスクもある。過去トラは、自動車OEMの重要な資産であるとともに開発スピードを遅くする足かせにもなり得る。

　これらの懸念点を踏まえ、SDV化と自動化の進展に伴う課題に対して、バランスの取れたアプローチが求められる。

2-8

ソフトウェア構造

2-8-1
SDVを支えるソフトウェア構造

● 従来の一般的なECUのソフトウェア構造

　自動車をコンピューターによって制御（電子制御）するようになったのは、1960〜1970年代にさかのぼる。エンジンに燃料を噴射するインジェクターという装置の制御で導入されたことが始まりとされる。その後、時代が進むにつれてマイクロコンピューター（マイコン）の誕生・普及や半導体技術の進歩などにより自動車の電子制御領域は飛躍的に拡大し、今日においては自動車のあらゆる領域で車載ECU（Electronic Control Unit、電子制御ユニット）による車両の電子制御が実装されるようになった。

　従来の一般的な車載ECUでは、例えばインジェクターやブレーキなど特定のハードウェアを制御するために、個別にソフトウェアを作成していることが多い。いわば、特定の車種の特定のハードウェアを制御するための「特注ソフトウェア」を個別に作成・実装する構造となっている（**図表 2-8-1-1**）。

図表 2-8-1-1　従来の一般的な ECU のソフトウェア構造

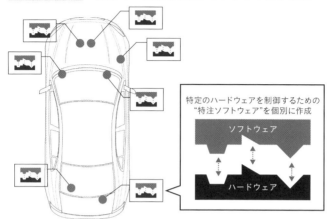

●：ECU。配置や数はイメージで、1台の車両に100以上搭載されるケースもある

特定のハードウェアを制御するための「特注ソフトウェア」を個別に作成・実装する構造となっている。(出所：PwC)

● SDV では規模・複雑性が増すソフトウェア開発に課題

　今日では、自動車1台に100を超えるECUが搭載されることもあり、それらが相互に連携する複雑なシステムを構築している。また、ECU単体としての機能も高度化していることも関係し、ソフトウェアの規模および複雑性は急激に増大し続けている。国内外で広く自動車システム開発を行っているある企業によると、車両1台に実装されるソフトウェアのコード行数は、2020年の1億行から2030年には6倍の6億行にも達する見込みだという[1]。

　今後SDV化に際しては、ゾーン型E/E（電気/電子）アーキテクチャと呼ばれる新たなシステム構造の採用に伴い、現状各部品で分散配置されているECUの統廃合が進むと想定される。これにより、

ソフトウェアが大規模化・複雑化すると考えられる。加えて、自動車の場合には、パソコンやスマートフォン（スマホ）とは異なり、人命を守るため安全性の高いシステム性能が求められる点や、自動車OEM（自動車メーカー）および Tier1（第1層）サプライヤー、Tier2（第2層）サプライヤーなど車両開発に関わるステークホルダーの数が多い点なども特徴的だ。

さらに、SDV（Software Defined Vehicle、ソフトウェア定義車両）では、市場投入後も車両機能がソフトウェアアップデートによって更新され続ける。こうした世界においては、規模や複雑性が増大し続けるソフトウェアを効率的に管理し品質を維持し続けることや、異なるステークホルダー間での様々な情報のやり取りなどを効果的かつ効率的に実施することが課題となる。

● SDV を支えるソフトウェア構造

こうした各種課題に対する解決のアプローチとして、業界内あるいは企業間においては様々な検討が行われている。特に、ソフトウェアおよびソフトウェア構造の刷新やその標準化の取り組みは、肥大し続けているソフトウェア開発およびその中で関係する多様なステークホルダー間のコミュニケーションを効率化する点でも期待され、各所で検討が進んでいる（**図表 2-8-1-2**）。その中から、代表的な 3 つの取り組みを紹介しよう。

一つ目は、2003 年に発足した AUTOSAR（Automotive Open System Architecture）と呼ばれる団体の取り組み。自動車業界内外の様々な企業や大学、団体などが集まり、車載ソフトウェアの共通化や開発手法に関する標準化を推進している。

図表 2-8-1-2　SDV を支えるソフトウェア構造の例と関連する各種取り組み

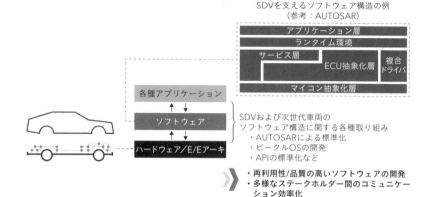

ソフトウェアおよびソフトウェアとハードウェア/アプリケーションの間のインターフェースを標準化・共通化することで、様々なステークホルダーと効率的にソフトウェアを開発できるようにすることが狙い。（出所：PwC）

　二つ目は、国内外の主要な自動車 OEM や Tier1 サプライヤーなどの取り組み。ここでは、車両に搭載されている様々なハードウェアの制御を担う「ビークル OS（Operating System）」と呼ばれる基本ソフトウェアを作成し、異なる車両やハードウェアの違いを吸収（ハードウェアを抽象化）。これにより、異なる車種モデルの開発においても、ソフトウェアを共通化して開発を効率化する取り組みなどが既に実施されている。

　三つ目は、API（Application Programming Interface）の標準化の検討に関する取り組み。これにより、サードパーティの参入を推進し、車両を操作するアプリケーションおよび車両を活用したサービスの開発を業界全体として効率的に行えることが期待されている。

　SDV に関わる各メーカーは、業界内で推進されている各種標準

化などの検討内容を考慮したソフトウェア構造を適用していくことで、今後の SDV における各種開発が効率化される。また、市場実績の豊富なソフトウェアを採用することで品質の安定・維持効果も期待され、社外メーカーあるいは新規参入のサードパーティなどとも効果的かつ効率的にアプリケーション・サービスを開発する基盤の構築にもつながるだろう。

　以下では、これら三つの取り組みに関する、より具体的な内容を紹介していく。

参考文献

（1）デンソー、「ソフトウェア戦略説明会」（2024 年 7 月）、https://www.denso.com/jp/ja/-/media/global/about-us/investors/business-briefing/2024-software/2024-software_strategy_briefing_jp.pdf

2-8-2 標準化を推進する AUTOSAR の取り組み

● 世界中から参画者が集まる AUTOSAR とは

　自動車に搭載されるシステムの高度化に伴い、ソフトウェアの大規模化や複雑化が進み開発コストが増大した。それにより、生産性や品質の低下が大きな問題となったことを背景に、欧州の自動車 OEM を中心にソフトウェアの標準化・共通化を目指し、2003 年に発足した団体が AUTOSAR である。なお、AUTOSAR は車載ソフトウェアの共通化を実現するための、プラットフォームの仕様名称でもある。

AUTOSAR には、世界中の自動車業界内の企業や大学、各種団体が関わっている。具体的には、2024 年時点で、31 の自動車 OEM をはじめ、352 の団体が活動に参画しており、参画企業は AUTOSAR の活動に設立当時から貢献してきたコアパートナーを筆頭に、6 つの会員ランクに分けられている。

・コアパートナー：AUTOSAR 標準を定義
・プレミアムパートナープラス：標準化推進をサポート
・プレミアムパートナー：AUTOSAR 標準を設計し使用
・開発パートナー：AUTOSAR 規格を定義するためにコアパートナーやプレミアムパートナーと協力
・加入パートナー：リリースされた標準仕様を使用
・出席者：AUTOSAR 規格の定義をサポート

活動の狙いとしては、自動車メーカーとサプライヤー間でソフトウェアの再利用と互換性を高め、E/E アーキテクチャの複雑さの管理を改善することを掲げている。さらに、ある車両制御用のソフトウェアに関して異なる車種間で流用できるようにしたり、異なるメーカーやサプライヤー間でも流用できたりするよう、E/E アーキテクチャの標準化を図りながら技術的な仕様などを公開している。

● 2 つのプラットフォームが存在

AUTOSAR では大きく、CP（Classic Platform）と AP（Adaptive Platform）の 2 つのプラットフォームが仕様化されている。時系列的には、後から AP が公開され、その際に当初のプラットフォームの

仕様名称であった AUTOSAR を CP と呼称するようになった。

CP は静的 OS〔OSEK/VDX（Offene Systeme und deren Schnittstellen für die Elektronik im Kraftfahrzeug/Vehicle Distributed eXecutive）OS ベース〕を用いた規格であり、リアルタイム性が求められる一方で、演算能力はそこまで求められない、従来型の制御 ECU を想定した仕様である。これに対して AP は、動的 OS〔POSIX（Portable Operating System Interface）OS ベース〕を用いた規格であり、自動運転や統合制御など高い演算能力を必要とするような ECU を想定した仕様となっている。

近年になって業界内で広く取り上げられている CASE〔Connected（インターネットにつながる）、Autonomous（自動運転）、Shared & Services（カーシェアリングとサービス）、Electric（電動化）〕の潮流の中では、ソフトウェアプラットフォームには市場投入までの時間短縮や通信のセキュリティ性能の向上など、高度な要求への対応が求められている。これには、従来の CP では対応が難しいことから、新たに AP が仕様化されたという背景がある。

しかし、AP が CP の上位バージョンというわけではない。両者はそれぞれの特徴から適材適所で使い分けされるプラットフォームであり、SDV においてもそれぞれの仕様に基づく複数の ECU が存在するパターンもあり得る。ただ、ECU の統廃合が進んでいくと、今後は AP に基づく ECU が主流になると考えられる。

● **AUTOSAR 準拠領域の拡張に向けて**

車載ソフトウェア開発の現場においては、AUTOSAR が採用される機会が増加している。ある AUTOSAR 参画企業の独自調査によると、ECU の基盤となる基本ソフトウェアでハードウェアを段

階的に分離して様々な機能を提供する役割を持つ、AUTOSAR 準拠の BSW（Basic Software）のシェアは 2017 年時点で約 63 ％に達したと試算されている[1]。もちろん、自動車 OEM やサプライヤーによって AUTOSAR 導入の戦略は異なるが、自動車 OEM においては、多くの ECU で共通仕様となる通信や診断モジュールを中心に導入し、非競争領域の工数低減を図りつつ競争領域へのリソースシフトを狙うことが多い。

とりわけ、規模の大きなサプライヤーでは、複数の自動車 OEM にシステムを納入していることが多い。それにより、自動車 OEM からの要求の違いに対して柔軟な対応を求められることから、自社の標準プラットフォームを AUTOSAR 準拠の BSW と、要求仕様の違いによって設計変更対応するモジュールを組み合わせることで、開発の効率化を狙うケースが比較的多く見られる。

いずれにしても、実際に AUTOSAR を導入、拡張するに当たっては、単純にモジュールを入れ替えるだけではなく、想定以上に準備が大変であることを理解する必要がある。さらに、AUTOSAR で規定される膨大な仕様書の内容を全て把握し対応するのではなく、目的に応じて AUTOSAR の何をどの範囲で利用していくのかを俯瞰（ふかん）して整理することが肝要となる。

参考文献

（1）ベクター・ジャパン、「はじめての AUTOSAR」、https://cdn.vector.com/cms/content/know-how/VJ/PDF/For_Beginners_AUTOSAR.pdf

2-8-3 車両を制御する基盤、ビークル OS に関する取り組み

● 開発にしのぎを削るビークル OS の機能とは

ビークル OS とは、車両を制御するための一連のソフトウェア、あるいは車載ソフトウェア基盤のことである。パソコンやスマホの世界においても様々な OS が開発・提供されているが、自動車においてもそれらと同様の機能を持つものがビークル OS である。例えば、ある OS 向けのアプリケーション（ソフトウェア）が開発されれば、当該 OS 搭載の様々なスマホ上でそのアプリケーションが動作する。これと同じように、自動車の世界においてもビークル OS という共通の基盤があれば、世界中の開発者がそのビークル OS 向けにソフトウェアを開発できるようになる。そして、そのビークル OS を搭載した車両であれば、ハードウェアの違いにかかわらずソフトウェアが動作するようになる。

ビークル OS の機能の一つは、このようにアプリケーションとハードウェアの間のミドルウェアとして、ハードウェアを抽象化し、アプリケーションの動作環境を提供することである。ある業界最大手の自動車 OEM においては、ビークル OS の範囲の中にソフトウェアの開発環境までを含めたり、クラウド上で動作するソフトウェア群までを含めたりするケースもある。実際、車両で得られる様々なデータをビークル OS で統合管理し、それらのデータをクラウドに構築したシミュレーション環境で活用できるようにするな

ど、ビークル OS は従来の OS の概念を超える幅広い機能を備えている。

　このように、ビークル OS は各企業で独自かつ特徴的な機能を実装することから、競争領域の位置付けとして捉えられており、SDV を支えるソフトウェア構造の中でも重要な役割を果たすと考えられる。なお、ビークル OS は各社で開発しており、どのような機能を持つのか、どのような API を採用しているのかといった情報については基本的に公開されていない。

● 専用ビークル OS と汎用ビークル OS

　各社で開発するビークル OS が、どこまでの範囲を含むのかに関しては様々で、各社ごとの定義に基づき、独自のビークル OS を開発しているのが現状である。その一方で、今後の SDV の開発においては、様々な車両の機能を統合的に制御できる汎用的なビークル OS の需要が高まっており、ビークル OS の共通化（汎用ビークル OS）も注目されるようになってきた。

　協調領域と競争領域の捉え方などについては今後も継続的な議論が必要だが、ビークル OS がある程度各社の独自仕様によらない汎用的なものになると、一部あるいは多くのアプリケーションがメーカーにかかわらず様々な車両に適用できるようになる。そうなった場合には、業界全体でソフトウェア開発を効率化することにもつながると考えられる。

　ある調査によると、ビークル OS は EV（Electric Vehicle、電気自動車）アーキテクチャとの親和性が高いことから、EV 市場でのシェア拡大を狙う欧州自動車メーカーや新興勢力の多い北米や中国での搭載

拡大が予想されている。これは、EV の場合にはこれまでの分散型の車両システムとは異なり、モジュール化されたモーターやバッテリーなどの様々な部品を統合 ECU によって中央集約して制御することが想定されるからだろう。前述したように、今後 SDV においてもゾーン型 E/E アーキテクチャ設計に基づく ECU の統廃合が想定され、一つの ECU で様々なハードウェアを制御するようになることから、ビークル OS が大きな役割を果たすようになると考えられる。新興系の企業が開発したビークル OS が業界内でデフォルトとして受け入れられ汎用 OS 化していく、というシナリオもあり得るかもしれない。

2-8-4 API 標準化の取り組み

● ソフトウェアの再利用性の向上

　API の標準化は、SDV を支えるソフトウェアやソフトウェア構造に関わる重要な要素の一つである。例えば、世界中の自動車 OEM やサプライヤー、IT 企業が参加する COVESA（COnnected VEhicle Systems Alliance）という組織の活動では、VSS（Vehicle Signal Specification、車両信号仕様）と呼ばれる共通データ言語（ハードウェアとのインターフェース信号）の標準化などを推進している。これにより、ハードウェアとソフトウェアを分離し、異なる車種や異なるハードウェアに対しても、ほぼ共通のソフトウェアを再利用することが可能とな

り開発が効率化できる。

今後普及が期待されるSDVにおいては、このような標準仕様にのっとったシステムが構築されていれば、新たに市場に展開するソフトウェアと既存システムとの互換性を担保しやすく、車両の品質を維持することにも貢献すると考えられる。

● 業界全体でのソフトウェア開発の効率化

車両を制御するための基本ソフトウェアの各種機能（ビークルOSの機能）を利用する、アプリケーションレイヤーのAPIが標準化されれば、ある特定の車両向けのアプリケーション開発ではなく、様々な車両で動作できるアプリケーションが開発できるようになる。これにより、車両を操作するアプリケーションや車両を活用した各種サービスを開発するサードパーティの参入が促進されることが期待できる。

今後、新たなサードパーティも参入し、様々なアプリケーションが業界内外で広く開発され、それらのアプリケーションが多くの車種に適用されるようになれば、業界全体でのアプリケーション（ソフトウェア）開発の効率化につながるだろう。ユーザーに価値を提供し続けることが期待されるSDVにおいては、様々なステークホルダーを巻き込みながら魅力的なアプリケーションを効率的に開発し続けるために、各種APIを標準化することは非常に重要な取り組みである。

2-8-5
ソフトウェア構造の共通化・標準化がカギに

　今後、さらに規模や複雑性が増大することが想定される SDV の
ソフトウェアおよびその開発においては、柔軟かつ効率的に品質の
よい車両機能やサービスを開発・提供し続けられるソフトウェア構
造を、早期に採用・実現することが肝要である。ソフトウェアの開
発速度は非常に速いため、万一スタートが遅れると、その後も先行
者との差が大きく開いていく恐れがあるからだ。逆に、早期に準備
を整えておけば、優位な状況をつくり出せる可能性が高まるだろう。

　ここで紹介したように、例えば AUTOSAR の標準仕様を有効に
活用すれば、車両や世代、あるいはメーカーの垣根を越えた、車載
ソフトウェアの再利用によるコスト削減が実現できる。また、ビー
クル OS や車両制御に関わる API 標準仕様を設計に取り入れ、新た
なプレーヤーとも協力しながら、今後、効率的かつ継続的にエンド
ユーザーに新たな価値を提供し続ける土台を構築していくことがさ
らに重要になると考えられる。

　他方では、これまでの車載ソフトウェアおよび車載ソフトウェア
開発が大きく変革され得る取り組みが存在する。AI（Artificial
Intelligence、人工知能）の車載ソフトウェア開発への適用である。ある
先進的な企業では、既に自動運転ソフトウェアの領域でこれまで広
く使用されてきたプログラムコードを AI ベースで作成されたコー
ドに置き換えた実績がある。AI ベースで作成されたシステムの性
能や安全性をどのように認証するのかなど、業界内で今後具体的に

検討すべき事項は様々あるが、この取り組みが、肥大化し続けるソフトウェアおよびソフトウェア開発において大きな変化をもたらすことになることは間違いない。

　いずれにしても、SDV 時代で各メーカーが生き残りかつビジネスを広げていくには、ソフトウェアおよびソフトウェア構造の共通化・標準化がカギとなるだろう。

2-9

サイバーセキュリティ

2-9-1
SDVにおけるサイバーセキュリティの捉え方

● 増大するSDVの脅威

SDV（Software Defined Vehicle、ソフトウェア定義車両）で提供される価値を構成する新たな車両機能はサイバーセキュリティの重要性をますます高めている（**図表 2-9-1-1**）。例えば、CASE〔Connected（インターネットにつながる）、Autonomous（自動運転）、Shared & Services（カーシェアリングとサービス）、Electric（電動化）〕を例にとると、自動車と外部をつなぐコネクティビティが向上すると、悪意ある第三者の侵入経路が増え、遠隔から侵入し不正に操作されるといった脅威が高まる。さらに自動運転の普及が進むと、制御を乗っ取られた自動車による事故のリスクも高まる。特に自動運転に関しては、運転を制御する様々なAI（Artificial Intelligence、人工知能）アルゴリズムや、センサー系を狙った攻撃が日々研究されている。

EV（Electric Vehicle、電気自動車）など、自動車の電動化によっても新たな脅威が生まれる。例えば、充電ステーションやスマートグリッドなど、自動車とつながる先が広がることで攻撃の侵入経路が増える。さらに、電動化のために様々なデータを集めたり、新機能を追

図表 2-9-1-1　SDVによって増大するセキュリティ関連の脅威

SDVの構成要素	セキュリティの脅威
コネクティビティ	・遠隔からの侵入と不正操作
自動運転	・電子制御される「走る・止まる・曲がる」機能の乗っ取り ・アルゴリズムやセンサーを狙った攻撃
電動化	・充電ステーションやスマートグリッドへの攻撃 ・データ収集などによる、守るべき対象の増加
シェアリング	・不特定多数の利用者による車両改造

自動車がSDVに向かって進化するのに伴い、セキュリティの脅威は増大していく。
（出所：PwC）

加したりしようとすると、それに伴い管理すべき対象も増加する。

　そして、現行の自動車は所有するオーナーが車両の管理責任を持っているという前提で、「鍵がないと入れない車室内にあるインターフェースは安全」と考えてセキュリティ対策を講じている場合も多い。ところが、カーシェアリングなどのサービスによって、自動車自体が所有の対象から利用の対象へと変わると、不特定多数の利用者による車両改造など新たな脅威への対処を考慮しなければならなくなる。

　このように見てくると、自動車がSDVに向かって進化するのに伴い、改めて脅威とリスクを評価し、様々なセキュリティ対策の見直しが求められてくる。

● **自動車におけるセキュリティ品質**

　サイバーセキュリティに関する品質は、一般的な車両の品質とは異なり、「故障率が何％だから、こういう保証をすればいい」ということにはならない。攻撃者がどこを狙い、どういった攻撃を仕掛

けてくるのかといったファクターに、大きく左右される。従ってサイバーセキュリティに100％はなく、品質の妥当性をメーカーが説明するのは難しい。

とはいえ、現実的なサイバーセキュリティリスクを考慮しつつ、過剰な対策レベルとならないように見極める必要がある。それが、設計時の脅威分析やリスクアセスメントである。これらの結果を基に、対策を決定して実装・検証・リリースし、自動車やサービスが市場に出てからもセキュリティが確実に維持されるようにしなければならない。

このように、SDVによってもたらされる新たな製品機能やアーキテクチャ、およびこれらを実現する開発手法や高頻度なアップデートといったプロセスの変化に対し、サイバーセキュリティの側面でも対応していく必要がある。

続いては、サイバーセキュリティ対策のための主要な規制を紹介する。

2-9-2 サイバーセキュリティ対策のための各種規制

● サイバーセキュリティ対応の国連標準、UN-R155

UN-R155は、2021年1月に国連欧州経済委員会の自動車基準調和世界フォーラム（WP29）において策定された、自動車のサイバーセキュリティ対応に関する国連標準である[1]。これを受け、自動車

OEM（自動車メーカー）およびサプライヤーには、製品のライフサイクル全般を通じたセキュリティプロセス構築とセキュリティ対策の実装が義務付けられた。

UN-R155 では、プロセスとプロダクトの両面での認証が必要となる。まず、プロセス面では、認証当局によって、自動車 OEM のサイバーセキュリティ体制や仕組みの認証と監査が 3 年ごとに行われる。一方、プロダクト面では、認証されたプロセスに沿って、車両が開発・生産されているかどうかの実証が求められる。

● セキュリティ確保の要求事項をまとめた国際標準規格、ISO/SAE 21434

ISO/SAE 21434 は、車両の企画・開発から生産、廃棄に至る製品のライフサイクル全体を通じた車両のセキュリティ確保における要求事項をまとめた国際標準規格である。大きく、以下の 7 つの要素から構成されている（ **図表 2-9-2-1** ）[2]。

①全体的なサイバーセキュリティマネジメント：組織体制、ガバナンス、ポリシー策定など全社的なサイバーセキュリティ活動基盤を構築し、既存の活動領域との責任分担や依存関係を整理して関連部門と効果的に連携した取り組みが求められる。

②開発プロジェクトごとのサイバーセキュリティマネジメント：組織体制やポリシーを開発プロジェクトレベルで具体化し、サイバーセキュリティ計画として実施すべき工程と成果物を定義する。

③コンセプトフェーズ（企画）：コンセプトレベルでのリスクアセスメントを実施、対応すべきリスクを特定し、サイバーセキュリ

図表 2-9-2-1　ISO/SAE 21434 を構成する 7 つの要素

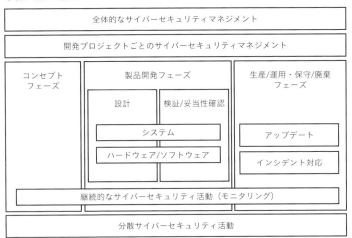

車両のライフサイクル全体を通じてサイバーセキュリティ活動に関するプロセスを定義することで、サイバー攻撃や、攻撃による被害の発生リスクを減らすことが期待される。(出所：PwC)

ティ上の目標（サイバーセキュリティゴール）を定義する。

④製品開発フェーズ（システム/ハードウェア/ソフトウェア）：③コンセプトフェーズの成果を基に、特定の設計・実装内容、設計・実装によって顕在化する脆弱性にも考慮したリスクアセスメントを実施し、リスクおよびセキュリティ要求を具体化する。

⑤生産/運用・保守/廃棄フェーズ：生産フェーズでは、工場全体のセキュリティ確保が求められる。特に、通信の暗号化やメッセージ認証などで用いられるデータ（暗号鍵）の生成・保管、車載機器への書き込みなどにおけるセキュリティを保つための設備や運用を含む鍵管理システムを整備する必要がある。運用・保守フェーズでは、IDS（Intrusion Detection System、侵入検知システム）/IDPS

（Intrusion Detection and Prevention System、侵入検知および防止システム）と
いった技術を用いたサイバーセキュリティモニタリングやソフト
ウェアアップデートなどの構築が重要になる。そして廃棄フェー
ズでは、車載器に登録されたセキュリティや利用者に関する情報
を適切に削除できることが求められる。

⑥継続的なサイバーセキュリティ活動（モニタリング）：車両のサイ
バーセキュリティに影響を与える情報に関しては、販売後の車両
だけではなく開発時においても継続的に収集し優先順位を決めな
がら、分析・対応することが求められる。

⑦分散サイバーセキュリティ活動：自動車 OEM とサプライヤーな
どとの分散開発や、サプライチェーンを通じたセキュリティ対応
については、多数の取引先と並行して調整を進め、適切な対応・
コミュニケーションを取ることが求められる。

参考文献

（1）PwC、「UNR155（WP29/CSMS）対応支援サービス」、https://www.pwc.com/jp/ja/services/digital-trust/cyber-security-consulting/unr155-wp29-csms.html
（2）PwC、「UNECE WP29 GRVA サイバーセキュリティ法規基準への対応：CSMS 構築における ISO/SAE 21434 の活用」、https://www.pwc.com/jp/ja/knowledge/column/awareness-cyber-security/wp2902.html

2-9-3 SDV に対応した サイバーセキュリティの取り組み

● 脅威分析・リスクアセスメント

SDV での脅威分析やリスクアセスメントの考え方は、情報セ

キュリティにおけるセキュリティの分析手法と同じである。データが盗まれたり改ざんされたりして使えなくなると、ユーザーにどのような影響を与えるのかを評価し、その影響の大きさと攻撃の難しさからリスクを評価する。

　ただ、従来の脅威分析・リスクアセスメントでは、自動車と一部のバックエンドにフォーカスすればよかった。しかし、SDVでは外部機器も含めて脅威分析の範囲が拡大・複雑化するとともに、個々のシステムが扱うデータとそれを管理する人、利用する人が一致しないなど、ユーザーも含めた関係者間の責任境界も複雑化する。さらに、E/E（電気/電子）アーキテクチャの変化などに伴って分析の難易度も上がっていくことから、従来の分析手法では対応できなくなる可能性があることに留意しなければならない。

　加えて、新機能への対応や流用・派生開発によって、リスクを構成するパラメーターが変化することにも、リスクアセスメントにおいて追従する必要がある。これには、伝統的なウォーターフォール型の開発において時間をかけ、リスクを固定的に考えがちなリスクアセスメントでは対応できなくなる。従って、こうした従来の開発体制を再構築し、アジャイル型の開発を積極的に取り入れることで、リスクアセスメントを含めた開発をスピードアップさせる必要がある。

● ソフトウェアの信頼性

　「脆弱性を排除すること」「意図したセキュリティ機能を満たすこと」といったソフトウェアの信頼性は、セキュリティリスクのコントロールにおいて重要な要素である。特に、販売後にアップデート

対象となる ECU（Electronic Control Unit、電子制御ユニット）やソフトウェアが拡大することは、より高い信頼性を要求することにもつながる。とりわけ、SDV で加速するソフトウェアの共通化やオープン化は、特に攻撃のリスクを高めることになるため要注意だ。

　自動車のサイバーセキュリティにおいてはこれまで、組み込み機器のアーキテクチャなど「攻撃対象のことがよく知られていない」ことが、守る側のメーカーにとって有利に働いてきた。一方で、一度知られてしまうと防御手段がない。こうした Security Through Obscurity（隠蔽によるセキュリティ）に頼る防御の考え方は本来、セキュリティの世界では推奨されない。

　特に、自動車のように多くのユーザーが自ら保有する製品においては、攻撃対象の仕組みや情報を公開し、透明性を持たせることでセキュリティを向上させるオープンセキュリティのアプローチが重要になってくる。こうしたオープンセキュリティでは、脆弱性報告窓口の設置やコミュニティ、専門家とセキュリティの問題を共有することで、協調・協力して脆弱性を改善することを目指す。同時に、設計時からセキュリティを考慮し、脆弱性をつくり込まないことを目指す「セキュリティバイデザイン」といった考え方も、ますます重要になってくる。

● SBOM を活用したモニタリング

　自動車に対するサイバーセキュリティについては、自動運転が進むとサイバー攻撃によるリスクが高まるため、よりリアルタイム性のある対処が求められる。これまでのログを定期的に収集して分析するようなセキュリティ対策は通用しなくなる。

そこで必要になるのが、車両の状態や攻撃の兆しに対して、一定のリアルタイム性をもって監視するための仕組みである。こうした取り組みとして、V-SOC（Vehicle Security Operation Center、車両セキュリティオペレーションセンター）といった、車両向けに常時脅威の監視や分析などを行う役割を担う専門組織の重要度が増している。

　一方、製品のリリース時に確保されていた安全性も、攻撃手法の進化や組み込まれているコンポーネントに新たな脆弱性が発見されることで、対策が危殆（きたい）化し製品を許容できないリスクにさらされた状態にしてしまう恐れがある。こうしたリスクに対応するには、日々更新される脆弱性情報を様々な情報源から収集し、自社製品への影響を分析して対処する必要がある。とはいえ、その影響の有無と程度を判断するのは難しい。

　自社製品が脆弱性の影響を受けるかどうかを知るには、少なくとも自社製品に組み込まれているソフトウェアコンポーネントを詳細に把握している、あるいは把握するすべを持っている必要がある。さらに、脆弱性情報と対象製品を一意に識別する CVE（Common Vulnerabilities and Exposures、共通脆弱性識別子）が公開されるとは限らないため、様々な自然言語で得た情報を変換し評価していくには専門家の能力が必要となる。

　こうした、脆弱性情報と対象製品の照合を自動化していく上で役立つのが、SBOM（Software Bill of Materials、ソフトウェア部品表）だ。SBOM は、食品の原材料表示のように、ソフトウェアに含まれるコンポーネントの情報をデータベース化して管理し、組織を超えて相互運用できるように標準化するもの。ソフトウェアの名称やバージョン情報などが含まれ、サプライチェーンの上流から下流に向

かって提供される[1]。

SBOM を活用して、製品に組み込まれているソフトウェアの構成要素を常に最新に保つことで、コンポーネントに問題があったらすぐに特定し対処できるようになる。

● 高頻度かつ高速なソフトウェアアップデート

現段階では、実際に車両自体を狙ったセキュリティ攻撃によって起きた事故は、ほとんど確認されていない。そのためか、自動車OEM においては脆弱性を発見してアップデートをかけるプロセスはあるものの、その対応は往々にして遅い。しかし今後、より高頻度に脆弱性が突かれるようになると、高頻度かつ高速にアップデートを実施するプロセスが必要になり、ソフトウェアのリリースを早めたり開発を早めたりしなければならなくなる。

従来の自動車開発は、しっかりと時間をかけて社内稟議（りんぎ）を繰り返し、何週間もかけてリリースまでたどり着くようなプロセスになっていた。こうしたプロセスは、IT セキュリティの時間軸とは全く異なる。SDV の時代は、100 ％を目指して時間をかける、従来の品質不具合の判断プロセスでは対応できなくなるので、アップデートのプロセス自体を変革していく必要がある。

● より重要になるサプライチェーンセキュリティ

SDV の開発・製造においては、高機能化や電動化、アライアンス戦略などによって、従来のサプライヤーとは性質の異なるビジネスパートナーと協業していくことになる。そうした中、サプライヤーのセキュリティ対応能力や納入されるソフトウェア、ハードウェ

ア、あるいは提供されるサービスを正しく評価し、安全性を担保する必要がある。

今後、企業のサイバーセキュリティ対応能力自体は、第三者評価などを活用して効率的かつ客観的に評価していくことが求められる。製品仕様の面では、自動車OEMが正しく要求仕様を提示し、開発結果を評価するための仕組みが必要だ。

参考文献

（1）PwC、「SBOM普及の本格化〜ソフトウェアサプライチェーンの構造的な課題と解決策〜」、https://www.pwc.com/jp/ja/knowledge/column/awareness-cyber-security/vulnerability-management-sbom1.html

2-9-4 サイバーセキュリティ・ガバナンス体制と人材確保

ここまで見てきたように、SDVを実現していくに当たっては、サイバーセキュリティにおいても、組織、プロセス、技術といった多様な側面から生じる課題に対応する必要がある。その課題を解決するには、サイバーセキュリティの変革を強く推し進めるためのガバナンス体制と、それを実行するための専門人材の確保が必須となる。

● サイバーセキュリティ責任者の配置

SDV時代に求められるサイバーセキュリティ・ガバナンスを実現するためには、サイバーセキュリティについて通常の事業機能とは独立したミッションと予算を管掌する専門のマネジメント層の配置が有効だ。例えば、自動車業界においても、UN-R155の要求を満

足することを動機に、全社的なサイバーセキュリティ対応が進められてきた。一方で、規制対応と違って、目指すべき姿自体も模索期にある SDV においては、サイバーセキュリティに対して明確なビジョンを持って変革を推進する難易度は高い。

　これまでの日本の製造業では、製品品質や IT セキュリティに関わる経営層が、製品・サービスのサイバーセキュリティ対策の責任についても兼務するケースが多く見られた。数あるミッションのうちの一つであるサイバーセキュリティに関する変革を実現することへのコミットメントは分散し、時には他のミッションとのトレードオフとなってしまう。また、責任者を分離することは、コストとして見られがちなサイバーセキュリティ変革とそのための投資を製品開発、品質保証といった事業部門の予算から切り離して、確実に確保・活用することにもつながる。

　既に、欧米を中心とした一部の自動車 OEM においては、社内 IT を含むセキュリティ全般を担う CISO（Chief Information Security Officer）や技術全般を担う CTO（Chief Technology Officer）とは別にマネジメントレベルの責任者を設置するケースも増えつつある。例えば、各事業部門におけるビジネスの視点を持って、CISO とともにセキュリティ変革を補完し合う役割を担う BISO（Business Information Security Officer）の配置や、CISO と並列の関係で製品のセキュリティを専門に担う CPSO（Chief Product Security Officer）と、それをサポートし、各事業部門における施策と実行の統括、ノウハウや人材の集約・還元を担う機能を持った COE（Center of Excellence）といった専門・統括組織を配置するケースがある（**図表 2-9-4-1**）。

図表 2-9-4-1　今後求められるサイバーセキュリティ体制

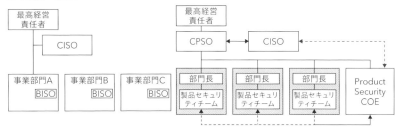

左は各事業部門に BISO を配置した例。右は CISO と並列に製品のセキュリティを専門に担当する CPSO を配置した例。(出所：PwC)

● サイバーセキュリティ人材の確保

　サイバーセキュリティ・ガバナンスに実効性を持たせるためには、前述の専門・統括組織を構成する高度人材の確保や、現場レベルでの遂行能力の底上げも必須となってくる。製品・サービスにおけるサイバーセキュリティの遂行は、ある程度企業を問わず共通のフレームワークや技術をもって実現可能な社内 IT と比べても、ビジネスと技術両方の視点から深い専門性や経験が求められる。そのため、プロジェクトを現場で推進するプロジェクトリーダーが、自身のプロジェクトを推進するために必要なセキュリティ対策を積極的に検討し、しかるべき社内のサポートを使いこなし、自律的にセキュリティ対応を行える人材を配置する必要がある。もし人材がいない場合は社内教育を実施する必要がある。現に海外企業では、こういったスキルや考え方をジョブディスクリプションとして定義し、プロジェクトリーダーを採用する動きが見られる。

　また、そういったプロジェクトリーダーを支援するサポートチー

ムも必要である。サポートチームはプロジェクトを止めることなく、加速させるような前向きなアドバイスをする意識と具体的に解決に導く知識が求められ、そのために外部組織との連携を行う必要が出てくる。サポートチームにセキュリティのチャンピオンとなるような専門家を置き、その専門家の知識の下で各プロジェクトをどうやって推進するか、という発想で支援できると前述のプロジェクトリーダーと連携して、ビジネス自体を加速することが可能であると考える。

　こうした人材は市場においても枯渇しており、時間のかかる社内人材育成・獲得と外部リソースの活用を組み合わせつつ、早期に必要な仕組みと投資を行うことが重要だ。一時的には外部の専門性やリソースをうまく活用しながら、必要なナレッジを内製化したり、外部知見をより効率的に引き出せるようなノウハウを蓄積したりしていく必要がある。個々の製品に関する理解が最も深い現場の責任者が、外部の専門家からセキュリティ対策の知見をどんどん引き出せるようになればよい。こうした人材や組織づくりも、今後の課題として捉えておくべきだろう。

● サイバーセキュリティのプロセス、ドキュメント整備

　サイバーセキュリティのプロセスに関しても見直す必要があると考える。元来、自動車企業は品質に対して非常にきめ細かくチェックを行い、高次元の品質確保を実施してきた。そのため、プロセスが非常に多く、また関連するドキュメントも多い状態になっていることがほとんどだ。この状態で、サイバーセキュリティのプロセスやドキュメントを追加してしまうと現場の負担が増す一方であり、

確認する責任者の負担も大きくなる。こういったことを避けるためにもサイバーセキュリティのプロセスとその他品質関連のプロセスを1つにすること、共通化していくことが非常に重要である。具体的には、セキュリティの脅威分析と機能安全のためのリスクアセスメントを同時に実施する、ゲートレビューのタイミングやレビュアーを合わせる、といった一つひとつのプロセスを整理し、現場にとって負担が軽減するようなプロセスになるよう再度見直していくことが必要になる。ドキュメントに関しても、見るべきものを1つにする、暗黙知をなくし全て読めば分かるようにしておく、といった対応を行うことが、新たなソフトウェア開発を加速するための手段となる。

　以上のように、サイバーセキュリティに関しては、ガバナンスの在り方から見直すことが必要と考える。SDV時代において、新たな価値のあるソフトウェアをどれだけ速く世に出し、市場に適合していくかが重要になるため、そのスピード感を妨げないようなガバナンスを構築することが重要になるのである。

2-10

半導体

2-10-1

SDV における車載用半導体

● 半導体産業の現状

日本の半導体産業は 1980 年ごろまでに急成長を遂げ、1990 年代前半にはメモリーを中心に日本で製造された半導体が世界市場の半数を占めていた。しかしこの頃をピークに、「日本の半導体市場の海外メーカーへの開放」や「日本の半導体市場における外国製半導体のシェアを 20 ％以上にする」といった日本に不利な条件が盛り込まれた「日米半導体協定」の締結や、ロジック半導体の製造および分業化への遅れなどによって、日本の半導体製造会社は徐々に世界の中でシェアを落としていった。

その結果、現時点では、半導体製造装置や部素材だけが競争力を保つ状況になっている[1]。自動車向けの車載用半導体に関しても、一部に国産が使われているものの、特に自動運転用途では海外製の先端半導体が採用されている。

● 重要度を増す先端半導体

車載用半導体は、車両システムを制御する ECU（Electronic Control

Unit、電子制御ユニット）などの「①デジタル半導体」、EV（Electric Vehicle、電気自動車）のモーターを制御する「②パワー半導体」、センサー、エンジン制御、ブレーキなどのシステムの中で自動車と外部とのコミュニケーションをつかさどる「③アナログ半導体」、ADAS（Advanced Driver-Assistance Systems、先進運転支援システム）や自動運転システムなどで用いる「④先端半導体」の4つに大きく分かれる（**図表 2-10-1-1**）。

このうち、①デジタル半導体と②パワー半導体、③アナログ半導体は、燃費の最適化や排ガスの削減を実現するためのエンジン制御に使われたり、電力を効率的に制御・分配してEVモーターや回生ブレーキ、電動パワーステアリングなどのシステムをサポートしたりするような用途で使用されている。

一方、④先端半導体は、近年の運転支援システムの搭載や自動運転の実現に伴って注目されており、カメラや近接センサー、LiDAR（Light Detection and Ranging、レーザーレーダー）などのデバイスを制御することで、車両の周囲の状況をリアルタイムでモニタリングし、運転者に警告を発信するなどの役割を持つようになってきている。

SDV（Software Defined Vehicle、ソフトウェア定義車両）における車載用半導体に関しては、自動運転の実現などで重要な役割を持つ先端半導体にフォーカスを当てて紹介する。

参考文献

（1）経済産業省、「半導体・デジタル産業戦略」、https://www.meti.go.jp/policy/mono_info_service/joho/conference/semiconductors_and_digital.pdf

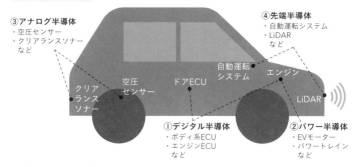

図表 2-10-1-1　車載半導体の例

自動車には様々な半導体が搭載されているが、SDV では自動運転を実現する先端半導体に注目する。(出所：自動車用先端 SoC 技術研究組合)

2-10-2
自動運転の実現方法

● カメラからの画像情報で実現する自動運転

　現在、自動運転を実現する技術は、大きく 2 つに分類される。一つは、一部の米国の先端自動車 OEM（自動車メーカー）が採用している、カメラで入手した外部の様々な映像から AI（Artificial Intelligence、人工知能）が周囲の状況を判断して運転する技術だ（**図表 2-10-2-1**）。

　この方式では、当初はミリ波レーダーなども自動運転の制御に利用していたが、「人間は目だけで運転している」発想に基づき、自動運転でもカメラからの情報だけでハンドル・アクセル・ブレーキを制御することにした。搭載された AI には、実際に様々な道路環境や天候などにおける人間の運転を学習させている。ただし、車載

図表 2-10-2-1　複数の画像情報を基に自動運転を実現

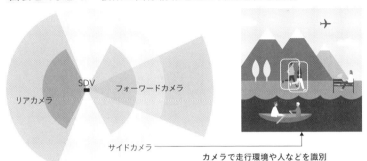

人間が目で見た情報だけで運転するように、画像情報を基に自動運転を実現する。（出所：公開情報を基に PwC 作成）

向けセンシング技術を開発する大手電機メーカーによれば、豪雨や濃霧といった悪天候時にはカメラの視認性が落ち、正常に作動しないこともあるという。

● 3D マップや LiDAR なども活用した自動運転

　自動運転を実現するもう一つの技術は、3D（3次元）マップと LiDAR からの情報を照合し、自動車が今どこにいるのかを常に把握するものだ。多くの自動車 OEM が採用し、高速道路のような ODD（Operational Design Domain、運行設計領域）上で、運転手が不要なレベル 4（高度自動運転車）やレベル 5（完全自動運転車）の自動運転を実現しようとしている。

　現在は、高精度の 3D マップに様々な交通情報などを付加したダイナミックマップを作成し、自車位置を推定しながら全体最適経路を判断する取り組みが行われている。走行中は、「センシング入力」「認識」「判断」「制御」の 4 要素によって自動運転が構成される（**図**

図表 2-10-2-2　カメラ画像以外の情報を活用して自動運転を実現

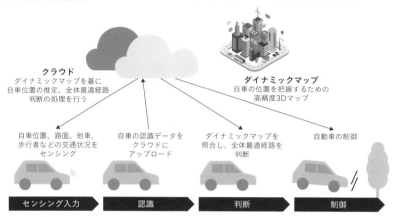

3DマップやLiDARなどのセンサーを使って、自車の位置を特定することで自動運転を実現する。（出所：PwC）

表 2-10-2-2）。

　ダイナミックマップは、3Dマップを使って自車の位置を正確に認識し、交通状況に応じて予測運転を行うための情報インフラで、現在、日本では官民で開発が進められている。内閣府が中心となって推進する、SIP（Strategic Innovation Promotion Program、戦略的イノベーション創造プログラム）の自動走行システム推進委員会では、ダイナミックマップの概念を「高精度3Dマップ情報と、時間とともに変化する位置特定可能な動的データを紐付けるルールを定め、整合的に活用するもの」と定義している（**図表 2-10-2-3**）[1]。

　さらに、日本国内の高精度3Dマップの開発・整備に関しては、民間各社の連携によって設立されたダイナミックマップ基盤（DMP、Dynamic Map Platform）が進めている。既に高速道路の3Dマップが作られ、ハンズオフ運転を可能にする機能は日系自動車OEM

図表 2-10-2-3　ダイナミックマップの概念

❶ 動的情報
　周辺車両・歩行者・信号情報といったリアルタイムに変化する情報

❷ 準動的情報
　事故情報や渋滞情報・交通規制情報・狭域気象情報など緩やかに変化する情報

❸ 準静的情報
　交通規制の予定や道路工事予定、広域気象予報情報などあらかじめ計画され、計画に準じて変化する情報

❹ 静的情報（3Dマップ情報）
　路面情報・車線情報・建物の位置情報といった3Dマップ情報など長期間変化しない情報

「高精度3Dマップ情報と、時間とともに変化する位置特定可能な動的データを紐付けるルールを定め、整合的に活用するもの」と定義される。〔出所：第30回SIP自動走行システム推進委員会資料、写真：Getty Images（Photography by ZhangXun）〕

各社で採用されている。

　3DマップやLiDARを活用した自動運転の学習プロセスはシミュレータで生成できるため、時間が短縮できるところが強みだが、現状では3Dマップがないと基本的に自動運転ができない。しかも、高精度3Dマップの製作には多大なコストがかかることが、ダイナミックマップによって自動運転を実現する上では大きな課題である。

参考文献

（1）SIP自動走行システム推進委員会、「ダイナミックマップの概念/定義および、SIP-adusにおける取り組みに関する報告」、https://www8.cao.go.jp/cstp/gaiyo/sip/iinkai/jidousoukou_30/siryo30-2-1-1.pdf

2-10-3 自動運転の実現方法から見た 先端半導体の違い

● カメラ画像で自動運転を実現するための先端半導体

　カメラ画像のみで自動運転を実現するには、カメラからの画像情報を高速に処理するための画像認識や深層学習に特化した半導体性能が求められる。前述した先端自動車 OEM では、こうした先端半導体を自社設計し、製造は大手ファウンドリに委託している。

　ファウンドリとは、半導体チップの製造を他社からの委託で請け負う、製造専業の半導体メーカーのことだ。従来、半導体メーカーは設計と製造の両方を自社で行う IDM（Integrated Device Manufacturer、垂直統合型デバイスメーカー）が主流だった。1990 年前後からファウンドリが徐々に台頭し始めることで、半導体メーカーは設計・開発に重点的に資本を投入できるようになった。一方、この分業化に遅れた日本の半導体製造会社は、前述のようにシェアを落としていくことになる。

　分業化によるメリットの一つは、先端半導体を安価に調達できることだ。例えば、前述の先端自動車 OEM は画像処理に特化した先端半導体を自社で設計・開発することにより、自動運転車の能力を向上させるとともに、他社との差異化を図る。さらに、高収益を誇る半導体開発メーカーから半導体を購買する必要がないため、製造総コストを下げることができる。

　これにより、全車に自動運転に特化したチップを搭載することが

できるため、車格やグレードに応じて、販売時から自動運転を有効にする、販売時には無効にしておき後からOTA（Over The Air）で有効にする、といったサービスの提供を可能にしている。

● 3DマップやLiDARなどを活用する先端半導体

3DマップやLiDARなどを活用した自動運転車が搭載する車載用半導体では、センサーからの大量のデータを高速に処理する必要があるため、高度な並列処理や複数のデータを統合して分析するデータフュージョン能力を持つことなどが求められる。

こうした能力を持つ先端半導体は、現在大手半導体メーカーがほとんどのシェアを有しており、自動車OEMにとって調達コストが高額になる要因となっている。そのため、自動運転機能を持つ自動車の販売価格が非常に高額になるか、高額のオプション設定となっている。自動運転を普及させるためには、機能面の革新に加え、調達やコスト面での課題を解決する必要がある。

2-10-4 短期から中期にかけての 車載用先端半導体の動向

● 自動車OEMが自社専用半導体を設計

今後の車載用半導体の動向を考えると、短期的に見た大きな流れとしては、自動車OEM自身が自社設計もしくは共同設計し、製造はファウンドリに任せる垂直統合モデルが増えてくると予想され

る。そうした流れの一環として、日本では自動車OEM大手や電装部品メーカー、半導体関連企業などが、先端SoC（System on a Chip）技術の研究組織を設立した。この組織は2030年以降の量産車への搭載を目標に、チップレット技術（複数の半導体チップを1パッケージに収める技術）を適用した車載用SoCの研究開発を行う組織で、2024年時点での組合員は設立時よりも増加している。

● **日本におけるファウンドリへの期待**

車載用半導体の動向を中期で見た場合には、自動運転の過渡期であることから、先端半導体自体への要求も変化していくと思われる。従って、それに応じた臨機応変な製造が必要になってくるだろう。

日本でこうした動きに呼応しようとしているのが、日本で設立された半導体メーカーだ。日本発のファウンドリとして、エンドクライアントのニーズに合わせた、先端半導体の専用多品種生産を担う。2nm世代の半導体製造パイロットラインを稼働させる予定で、技術革新が進み要件も変わり得る車載用半導体の製造にも臨機応変に対応できると、大きな期待が寄せられている。

さらに今後は、自動運転も含め、AIを駆使した新しい技術を実現するための先端半導体（AIチップ）を、様々なスタートアップが開発することが予想される（**図表2-10-4-1**）。それらは、汎用的な市場を狙った大量生産品ではなく、特定の機能に特化した専用品として多数の種類が出てくるだろう。しかしながら、現状ではそういった専用品を、利益率を確保しながら少量生産できるファウンドリがない。新たな半導体メーカーは、当領域に挑戦するファウンドリを

図表 2-10-4-1　AI チップへの需要の高まり

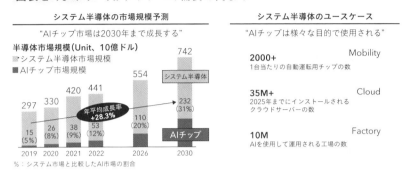

システムチップ市場の中でも、特に AI の演算処理に特化した半導体デバイス、いわゆる AI チップについては、自動車やクラウド、スマートファクトリーなど、様々なユースケースにおいて活用や実装が求められている。(出所：左図は Mordor intelligence の資料を基に PwC 作成、右図は PwC)

目指している。その事業が成功すれば、日本の半導体産業全体にも大きな影響を与えるものと期待されている。

2-10-5 長期的に見た車載用先端半導体の予測

　ここまで車載用半導体の短期から中期にかけての動向を見てきたが、長期的には、先端半導体のコモディティ化が進み、またハードウェアやインターフェースが統一されることで、価格競争が激化するだろう。その結果、先端半導体も専業メーカーの製品を使う水平分業に収れんしていくと考えられる。
　こうした動きを見越して、米国の大手半導体メーカーは自動運転機能や車載 AI アプリケーションなどを構築するために必要なハー

ドウェアとソフトウェアをまとめて提供する、自動運転開発プラットフォームを展開し、多くの自動車 OEM の利用を促す。

　一方、日本の自動車 OEM も、共同研究などを通じて半導体製造会社への出資や共同研究、日本への製造拠点の誘致による調達確保を積極的に行うことが必要だ。日系の大手自動車 OEM は、自ら力を入れてきた HEV（Hybrid Electric Vehicle、ハイブリッド自動車）ではなく EV シフトが進んだ反省を踏まえ、FCEV（Fuel Cell Electric Vehicle、燃料電池自動車）に続いて HEV の特許を無償提供したが、車載用先端半導体においても、オープンソースでの研究開発への参画・展開が求められる。そして、その中で調達優位性を確保するための半導体メーカーへの出資や生産拠点の誘致が必要となるだろう。

第 **3** 章

SDV時代への
備え

3-1

SDV 時代における
ルールへの対応

3-1-1
自動車のスマホ化と法規制

● **インターネットにつながり、自動運転化が進む**

　従来、自動車はハードウェアの性能によって価値が決まっていたが、今後はパソコンやスマートフォン（スマホ）のようにソフトウェアによって価値が定まる変革の時代に移っていく。スマホの進化を振り返ってみると、もともとは電話をするだけの道具だった携帯電話が、ソフトウェアの進化でインターネットにつながるようになり、メールや情報検索などの通信サービスが提供されるようになった。それが、さらにスマホ化されることで、デジタルカメラやポータブルオーディオプレーヤーなどの機能と市場を取り込みつつ、動画の閲覧やショッピングなど一気にパソコンのように何でもできる道具に進化していった。自動車も現時点では移動するだけの道具だが、これからインターネットにつながり、さらには自動運転化が進むことで、スマホのようにできることや用途が大きく広がっていくと考えられる。

　SDV（Software Defined Vehicle、ソフトウェア定義車両）のレベル 3 の段階では、最低限の機能追加が無線通信（OTA、Over-The-Air）を軸とした

図表 3-1-1-1　SDVの進化レベル

レベル3からが、OTAで機能をアップデートできる本格的なSDVとなる。（出所：PwC）

ソフトウェアアップデートによって実行される。レベル4以降になると、より高度なサービスを提供するために様々な機能が追加される。すると、パソコンやスマホと同様に、ソフトウェア総量が増加することになり、それに伴ってソフトウェアの脆弱性を狙ったサイバー攻撃を仕掛けられる可能性が高くなるため、セキュリティホールを防ぐためのアップデートなどが頻繁に実行されるようになる（**図表 3-1-1-1**）。

● **SDVのリスクとは**

　スマホも現在に至るまでに、様々な問題や制限、制約などが表面化してきた。海外では改造された携帯端末を狙ったテロ攻撃などの例があるものの、通常はスマホを使って人の命に関わるような攻撃を受けることは考えにくい。ところが、自動車は人を乗せて高速で移動するため、サイバー攻撃によって遠隔操縦されると、死亡事故に至るケースも想定される。

　これは極端なリスクと言えるが、他にもSDVには様々なリスク

がある。スマホならば、いつ誰と電話をしてどこに行ったのか、普段どんなサイトを見ているのかといった、個人の行動や趣味志向に関する色々な情報が盗まれる可能性があるが、SDV も同様に、ドライバーの個人情報や移動した場所はもとより、同乗者の個人情報や車内の会話情報が盗まれる恐れがある。こうしたリスクに対し、ドライバーの情報をどう守っていくのか、法律で規制することが重要になってくる。

　今後、新しい機能がどんどん増えていくとともに、新しいリスクが見つかってくるだろう。それに伴い、監督局や関係機関による規制やガイドライン、法規制などの見直しが予想される。SDV 時代における法規制対応は、こうした変化に継続的に順応していかなければならない。

3-1-2
SDV に対応する法規制の現状

● 現在の法規制と国際規格

　現状では、**図表 3-1-2-1** に示すように、車載ソフトウェアに関する法規制は国際連合（国連）の欧州経済委員会にある自動車基準調和世界フォーラム（WP29）によって策定されている。一方で、国際標準化機構（ISO）が国際規格を策定中で、その位置付けや関係性を理解して今後に備えなければならない。

　ただし、そこには具体的な記述があるわけではなく、世界中で共

図表 3-1-2-1　車載ソフトウェアの法規制を策定した WP29 と、国際規格を策定中の ISO

国連法規と国際規格の位置付けや関係を理解し、今後に備える必要がある。（出所：PwC）

通基盤となるような法令や規制が抽象的に書かれているだけだ。それをどう解釈して具体化するのか、自動車に実装していくのかなどに関しては、自動車 OEM（自動車メーカー）各社で慎重に対応する必要がある。

WP29 には、サイバーセキュリティとソフトウェアアップデートという 2 本の大きな柱があり、それぞれ UN-R155（CSMS、Cyber Security Management System）、UN-R156（SUMS、Software Update Management System）という形で定めている。基本的には今後、世界中の自動車 OEM はこれらに基づいたプロセス認証および型式認証を受けた自動車しか市場に出せなくなる。ただし、前述したように、これらの認証は具体的に指示されているわけではないため、実際に自社の自動車の設計にどう落とし込んでいくのかが非常に難しく、独自で進めていくと後で痛いしっぺ返しを食らうこともある。従って、他の制度など

を参照しつつ関係者と組織的な連携を図りながら、遅すぎる対応とならないように取り組みを進めていくことが求められる。

● 新しいテクノロジーへの対応

　法規制やガイドラインなどに関しては今後、車両の技術革新や社会の要請などに伴って見直されたり、新たに項目が増えたりしていくと思われるため、その辺りを注視しながら対応していくことになる。

　特に今後は、自動車に関わる技術革新が非常に短い間隔で起きる可能性がある。例えば、AI（Artificial Intelligence、人工知能）が自動運転の制御に使われる場合、現状では AI に関する車両搭載の規制やガイドラインとしては、2022 年に発行された ISO 21448〔SOTIF（Safety Of The Intended Functionality、意図した機能の安全性）〕や 2024 年 12 月に発行された ISO/PAS 8800（Safety and artificial intelligence）が挙げられるが、こうした技術革新に伴ってグローバルで次々と法規制が追加されていくケースが考えられる。企業にとっては、新しい技術を使うのか使わないのか、使うのであればどういう制約に基づいて対応していくのかなど、計画的に対応していくことが求められる。

● 日本の監督官庁の対応

　日本の場合、国土交通省や日本自動車工業会などが、車両に関する制度に対応している組織・団体になる。日本国内で制度をどう定めていくのか、日本の自動車産業の在り方をどう考えていくのかなど、対応が遅れると、日本の自動車 OEM は海外の自動車 OEM から後れを取るだけではなく、余計な制約を受けることにもなりかね

ない。こうなると、世界の中で日本の自動車 OEM は後手後手に回り、ひいては日本の自動車産業の衰退に関わる。

　それだけに、監督官庁は世界の潮流や法規制、ガイドラインを注視しながら、新しい法規制などに向けて日本はどうしていくべきなのか、認証の在り方をどうすべきなのかなど、素早く対応していくことが求められる。例えば、OTA によってユーザーが求める新機能を自由に組み込んだり、セキュリティを高めたりするような場合、日本ではソフトウェアの変更として国土交通省に全て届け出て認可された上でなければ配信できない。しかも、この手続きには毎回 2〜3 カ月程かかるとされる。スマホのように数週間程度の頻度でソフトウェアを頻繁に更新する世界とは遠くかけ離れており、こうした規制運用の迅速性を確保するか否かが、今後の日本の SDV 発展にとって大きな足かせになるか世界をリードする差異化要素となるかの分岐点になると考える。迅速性を保った上で、ルールを順守できる規制運用の仕組みづくりが、日本の国際競争力の維持、およびユーザーの利便性向上において不可欠となるだろう。

　このように、SDV という足の速い時代においては、メーカーだけではなく、監督官庁を含めた関係者全員に、未来を見据えた取り組みを迅速かつ計画的に進めていくことが求められる。

3-1-3
法規制への対応の難しさ

　法規制への対応に関しては、**図表 3-1-3-1** に示すように「複雑

図表 3-1-3-1　法規制への対応の難しさ

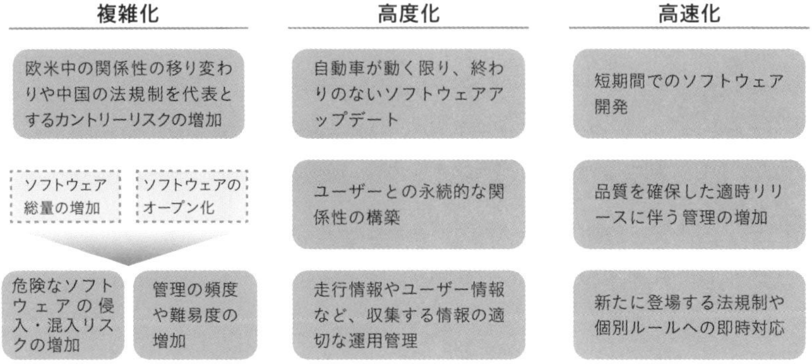

複雑化	高度化	高速化
欧米中の関係性の移り変わりや中国の法規制を代表とするカントリーリスクの増加	自動車が動く限り、終わりのないソフトウェアアップデート	短期間でのソフトウェア開発
ソフトウェア総量の増加　ソフトウェアのオープン化	ユーザーとの永続的な関係性の構築	品質を確保した適時リリースに伴う管理の増加
危険なソフトウェアの侵入・混入リスクの増加　管理の頻度や難易度の増加	走行情報やユーザー情報など、収集する情報の適切な運用管理	新たに登場する法規制や個別ルールへの即時対応

「複雑化」「高度化」「高速化」という 3 つの観点がある。（出所：PwC）

化」「高度化」「高速化」の 3 つの観点から考える必要がある。以下
では、それぞれの観点に潜む課題について見ていく。

● 法規制対応の複雑化

　サイバーセキュリティに関する UN-R155 やソフトウェアアップ
デートに関連する UN-R156 は、世界中で適用されている規制であ
る。日本の自動車 OEM が海外に自動車を輸出したり、逆に海外の
自動車を日本に輸入したりする際には、相互承認制度が適用される
（**図表 3-1-3-2**）。すなわち、日本で UN-R（United Nations Regulation）の
認証を受けた自動車に関しては、相互承認制度が結ばれている国で
あればそこでも認証を受けたことになり、そのまま自動車を売った
り走らせたりすることができる。逆もしかりである。

　従って、これらの法規制に対しては基本、日本国内だけで認証を
取ればよいが、それだけでは済まない複雑さがある。まず、世界中
の全ての国が相互承認制度を締結しているわけではない。さらに、

3-1　SDV時代におけるルールへの対応

図表 3-1-3-2　UN-R155 や UN-R156 に適用される相互認証

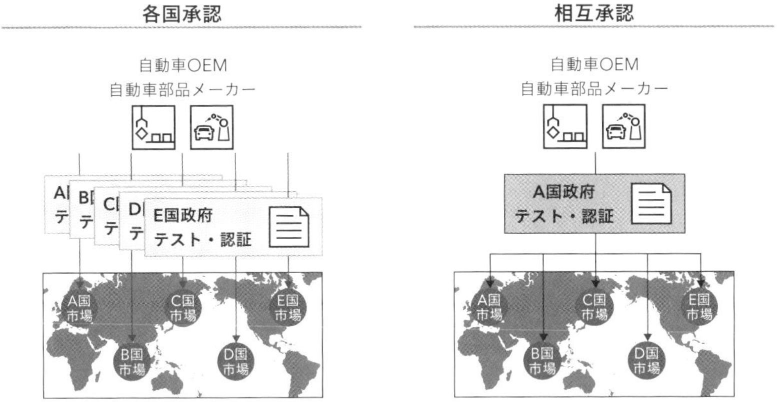

各国承認　　　　　　　　　　　　　　相互承認

自動車OEM
自動車部品メーカー

A国
テ B国
テ C国
テ D国
テ E国政府
テスト・認証

A国
市場　　C国
市場　　E国
市場
B国
市場　　D国
市場

自動車OEM
自動車部品メーカー

A国政府
テスト・認証

A国
市場　　C国
市場　　E国
市場
B国
市場　　D国
市場

相互承認制度下では、各国それぞれで審査・認証するのではなく、ある国で審査・認証した結果を他国でも認める。これにより、認証にかかる期間や費用を抑えることができる。〔自動車基準認証国際化研究センターの資料などを基に PwC 作成、世界地図：イラスト AC（ねむき）〕

米国や中国、インドなどでは、相互認証に加えて、部分的なところで個別にその国の認証を取らなければならない。

それだけではない。国によって情報保護に関する法律が異なっているため、その扱い方は複雑だ。例えば日本の場合には、自動車が個人情報を収集していれば、個人情報保護法に対応する必要がある。日本以外も同様だ。その国における個別の法令に従わなければならない。

図表 3-1-3-3 に示すように、米国は米国、欧州連合（EU）は EU というように、各国で様々な法規制がある。そして、こうした法規制は今後も増えることが予想されるため、自動車づくりはより複雑さを増していく。市場展開する様々な国の法規制を把握し、自社の製品はきちんとそれらの法規制に適合できているのかを確認するなど、今後の法規制に対応する計画を作っていかなければならない。

図表 3-1-3-3　欧米中の関係性による法規制の複雑さ

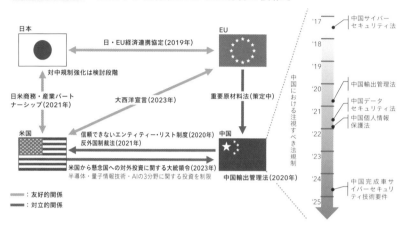

欧米と中国との関係性により、車両から半導体、ソフトウェアなどに関して、取引を抑制する方向に動いている。（出所：PwC）

　中でも、中国で近年に適用されている情報管理に関する種々の法規制は、その規制の広さ・細かさや運用の厳格さの観点からも、注視していく必要がある。

　一方で、前述したように、現状の UN-R155 や UN-R156 といった法規制には、細かい記述があるわけではなく曖昧さが残るため、会社ごとの対応が必要になる（ **図表 3-1-3-4** ）。加えて、自動車を造る過程においては、工程ごとに対応事項がある上、関連部門が多岐にわたるという難しさがある。

　さらに、危機感の差などから、法規制の曖昧な部分を緩く捉える部門もあれば厳しく捉える部門もある。最終的には、こうした温度差も調整しながら、対応プロジェクトや取り組み全体で足並みをそろえる統括管理をしなければならない。こうしたことも、法規制対応の複雑さを増大させている。

図表 3-1-3-4　法規制の複雑さが増す要因

法規制の中身に具体性がなく曖昧なため、各社での解釈・対応が必要なことや関連部門が多いことなどにより、複雑さが増している。(出所：PwC)

　今後は、自動車内におけるソフトウェアの総量が現在の3倍以上に増加すると予想されており、このことも法規制への対応を複雑にしている。スマホも、年々進化して機能が高度化・多様化するにつれて内部のソフトウェアの総量が増加している。それに伴い、不正なソフトウェアが侵入・混入するリスクが高まり管理が難しくなった。SDVでも、同じことが言える。

　加えて、様々なソフトウェアメーカーが各自動車OEMのSDVに対応するソフトウェアやアプリケーションを開発できるようにするソフトウェアのオープン化は、不正なソフトウェアの侵入リスクを高めることにもなり、自動車OEMによる管理の頻度や難易度はより一層上がっていくと考えられる。

● 法規制対応の高度化

　自動車は市場に出たら、ある程度動かなくなるまで使われる傾向

がある。その間、部品などの様々なハードウェアは、車検によって定期的に交換されるなどの保守運用が適用される。同様のことは、自動車内の色々なソフトウェアに関しても言える。すなわち、市場に出たら終わりではなく、その自動車が走っている間は問題ない状態に保つことも、自動車OEM側の責任となる。これは、販売後もソフトウェアのアップデートを続けていくことに他ならない。

　実際、パソコンやスマホと同様に、自動車も脆弱性に対応するため、多数のソフトウェアのアップデートを頻繁に続けていくことが必要になるだろう。UN-R156においては「車両の生産終了後10年間は当該型式で使用された情報を保持しておくこと」と定められていることからも、ある程度長期間の保証を求めていると捉えられるが、自動車の場合には現状、パソコンのように「○○年までにサポートを終了する」といった期限などが示されていない。今後、どういう形で、いつまでアップデートを続けていくのかといった点にも難しさがある。

　そして、販売後もユーザーとの関係性が長く継続していくとすると、故障履歴を参照するといったケースでは、自動車OEMがユーザーの個人情報や走行情報などを収集する必要性が出てくる。こうした情報の適切な運用管理についても、高度な対応が求められるようになっていくだろう。

● 法規制対応の高速化

　UN-R155やUN-R156では、そもそも自動車OEMがサイバーセキュリティやソフトウェアアップデートに対応できる能力を要しているのか、プロセスがきちんと整っているのか、そのプロセスに基

づいて自動車が造られているのかを確認する。その結果、問題なければ認証を受ける形になる。ただ、前述のようにソフトウェアの増加が今後見込まれることから、認証する観点もこの先どんどん増えていく可能性がある。

　ソフトウェアが増えてくると、自動車 OEM には短期間での開発が求められるようになる。間に合わなければ、自動車をリリースするタイミングが遅れるからだ。だからといって、スマホのアプリケーションのように、早いタイミングでソフトウェアをつくり、後からアップデートで対応していくような品質よりもリリーススピードを優先するようなことは許されない。そのため、個々のソフトウェアの品質を保った上で、開発期間を短縮する高速開発が求められるのである。

　脆弱性があるソフトウェアのアップデートへの対応についても、時間をかけてアップデート分を開発していると、セキュリティホールが空いた状態でソフトウェアが放置されることになり、そこから不正侵入を受けるなどの恐れがある。それだけに迅速なソフトウェア開発とアップデート対応が求められるが、そもそも従来の自動車OEM はソフトウェアづくりが得意ではない。従って、自社のソフトウェア開発部門だけではなく、ソフトウェアを開発する様々なサプライヤーやベンダーなどとうまく連携しながら、早いタイミングでアップデートをリリースすることが必要になってくる。

3-1-4

法規制への対応の備え

● **複雑化への対応の備え**

　ここまで見てきたように複雑化する法制度に対して、今後どのように備えていけばよいのだろうか（**図表 3-1-4-1**）。先手先手の対応を目指して、常にアンテナを広げて積極的に法規制をモニタリングしながら、新しい法規制が出ていないか、出てくるとすればそれはどういうものなのか、それに対して自社製品が適合できているのかなど、自己点検や自己評価を行う。そして日常的に即座に対応できるよう、必要なプロセスや実効性を備えた管理ルールづくりや仕組みづくりをする。その際、専門部署があると望ましいが、ない場合には専任者に全面的に役割を持たせて素早く対応できる仕組みとすることが重要なポイントとなる。

　こうした中、日本では、自動車 OEM による品質不正の問題が繰り返されている。なぜ、このような問題が起きるのか——。自動車がハイテクノロジー化して様々な機能が組み込まれるのに伴い、品質管理業務でチェックすべき項目や点検項目が増加しているにもかかわらず、市場投入のタイミングに間に合わせるためには人手が足りないなどの理由から、そうした業務に手が回っていないためだ。結果、資格を持たない人間に検査をさせるなどの問題が発覚し、大きな社会問題となったのである。

　SDV のソフトウェアに関しても、今後ますます総量が増えたり

図表 3-1-4-1　法規制への対応の備え方

複雑化への対応の備え

技術革新に伴う新たなリスクや脅威の登場	新しい法規制の増加	固有のカントリールールの増加

法規制やカントリールールの適時のモニタリング	新しい法規制やルールに対する自社の現状分析	必要なプロセスや実効性を備えた管理ルールの見直し

高度化/高速化への対応の備え

ALM (Application Lifecycle Management)	SBOM (Software Bill of Materials)	バーチャル認証 （バーチャルエンジニアリング）
プロジェクト管理、変更管理、問題解決管理などの機能を併せ持つALMの導入により、ソフトウェア情報管理の精緻化を行う	どのソフトウェアが搭載されているかをデータベース化して管理し、組織の枠を超えて相互運用できるように標準化する	車両実物ではなく、詳細設計を行う前の決定した仕様情報によってバーチャル認証を受け、業務のスムーズ化を図る

複雑化への対応としては、法規制のモニタリング、現状分析をして管理ルールを見直す。高度化/高速化への備えとしては、様々なマネジメントの仕組みや制度を活用する。（出所：PwC）

新しい規制がかかってきたりすることから、自動車 OEM の負担が増すことは容易に想像される。そこで、万一、形式だけのチェックを繰り返し、セキュリティホールが残ったままだったりバグだらけだったりすると、人命に関わる重大事故につながる恐れがある。

　自動車 OEM はこの点をしっかりと認識し、この顕在化が見込まれるソフトウェアップデートに関する課題対応を抜本的な対策を打つ好機と捉え、社会の求める水準の一歩先の対策を打てる体制をつくっていただきたい。ただし、点検管理のやり過ぎは時間を余計に要することや、点検管理の形骸化に向かうため、バランスの取り方を見極めるなど難しいかじ取りが求められる。

● 高度化/高速化への対応の備え

　これからの SDV は、非常に多くのソフトウェアを搭載した部品

（モジュール）で構成されると予想される。同時に、様々なサプライヤーやソフトウェアメーカーがつくる部品が組み合わさるようになるため、外部との連携がこれまで以上に重要になってくる。

こうした状況の中で、法制度の高度化および高速化に備えるには、サプライヤーとの連携を強化しながらの構成部品の管理がポイントになってくる。これに有効なのが、プロジェクト管理や変更管理、問題解決管理などの機能を併せ持つ ALM（Application Lifecycle Management、アプリケーションライフサイクル管理）や、その構成要素の一つである SBOM（Software Bill of Materials、ソフトウェア部品表）を導入した仕組みづくりや組織体制づくりである[1][2]。

ALM によって、ソフトウェアのライフサイクルを通しての情報管理を精緻化する。さらに SBOM によって、どのソフトウェアが搭載されているのかをデータベース化し、組織の枠を超えて相互運用できるように標準化していく。こうして、法制度の高度化や高速化に備えていくことが重要になるだろう。

自動運転の試験では、確認すべきケースが膨大な上、条件が複雑で再現が困難であり、危険を伴うこともある。そこで今後は、モデルやシミュレーション環境に基づいて認証を受ける「バーチャル認証制度」によって、認証業務のスムーズ化を図ることが求められる。既に一部で導入が始まっているが、監督官庁や認証機関には、バーチャル認証制度のさらなる活用を自動車メーカーとともに検討し続けることが求められる。こうした官民連携によるアクションが、SDV に関わる法規制への対応において重要な意味を持つことになるだろう。

参考文献

（1）PwC、「ソフトウェア情報管理（ALM）高度化ソリューション」、https://www.pwc.com/jp/ja/industries/auto/application-lifecycle-management.html

（2）PwC、「自動車開発におけるソフトウェア情報管理の重要性について―ALM システムの必要性―」、https://www.pwc.com/jp/ja/knowledge/column/automotive-research-and-development/alm.html

3-2

品質保証への取り組み

3-2-1
品質保証とは

● **品質保証のライフサイクル**

品質保証には、大きく2つの対象が存在する。一つは、組織・体制・プロセスなどで、企業全体での品質マネジメントシステムを保証する。もう一つは、製品そのもので、性能を保証する。そして、後者の製品の品質保証には、前者の組織・体制・プロセスの品質保証が前提となる（**図表 3-2-1-1**）。

自動車業界における組織・体制・プロセスについての品質マネジメントについては、国際標準化機構（ISO）の ISO 9001 や国際自動車産業特別委員会（IATF、International Automotive Task Force）の IATF 16949 が有名である。

車載ソフトウェアに関するライフサイクルのうち、品質保証という業務機能は量産開発フェーズから市場フェーズに至るまで、全てのフェーズに関与する。そのため、必要なタイミングで品質ゲートを設け、検証や検査を通じてプロセスおよび製品性能の確からしさを保証している（**図表 3-2-1-2**）。

ここでは、まず、品質マネジメントシステムに関する代表的な国

3-2　品質保証への取り組み

図表 3-2-1-1　品質保証に関する 2 つの対象

製品
（例）自動車OEM 固有要求

組織・体制・プロセス
（例）ISO 9001、IATF 16949

企業全体（組織・体制・プロセス）での品質マネジメントシステムの保証と、製品そのものの品質保証がある。（出所：PwC）

図表 3-2-1-2　車載ソフトウェアに関連するライフサイクル

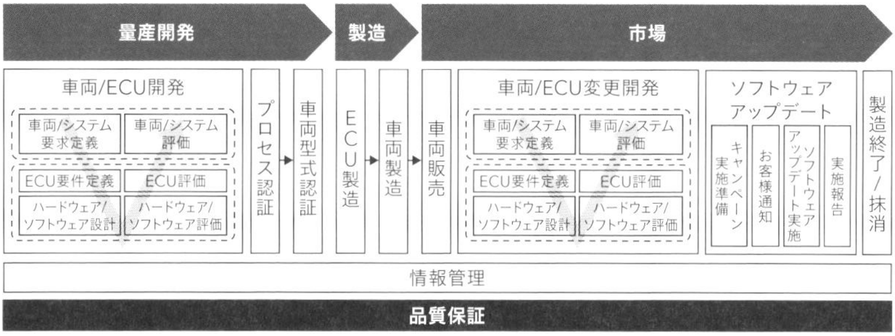

| 量産開発 | | | 製造 | | 市場 | | |

車両/ECU開発
- 車両/システム要求定義
- 車両/システム評価
- ECU要件定義
- ECU評価
- ハードウェア/ソフトウェア設計
- ハードウェア/ソフトウェア評価

プロセス認証

車両型式認証

ECU製造

車両製造

車両販売

車両/ECU変更開発
- 車両/システム要求定義
- 車両/システム評価
- ECU要件定義
- ECU評価
- ハードウェア/ソフトウェア設計
- ハードウェア/ソフトウェア評価

ソフトウェアアップデート
- キャンペーン実施準備
- お客様通知
- アップデート実施
- ソフトウェア報告
- 実施報告

製造終了/抹消

情報管理

品質保証

品質保証は量産開発から製造、市場まで、全てのフェーズに関与する。（出所：PwC）

際規格である ISO 9001 と IATF 16649 を解説する。

● ISO 9001 の概要

　ISO とは、国際標準化機構が発行する国際規格である。その中の一つ、ISO 9001 は、顧客に提供する製品・サービスの品質を継続的

に向上させることを目的とした、品質マネジメントシステム（QMS、Quality Management System）の規格で、1987年に初版が発行された。現在は、2015年に発行された第5版が使われている。

　製造業にとっての最大の課題は、大量生産をいかに効率的にこなすかである。このような課題に対して、製造現場では主に品質管理や品質保証といった考え方が広がるとともに、ISO 9001は製品の不良率を下げコストを落とすための有益なツールとして急速に普及していったのである。

　ISO 9001では「要求事項」と呼ばれる基準が定められており、組織がこの基準を満たしているかどうかを認証機関が審査する。審査を通過した組織には認証証明書（登録証）が発行され、一般に公開される。

● IATF 16949 の概要

　IATFは、世界の主要な自動車OEM（自動車メーカー）や自動車産業団体によって構成されている組織で、IATF 16949規格の制定と運営を行う。IATF 16949は、前述のISO 9001をベースに、自動車産業固有の要求事項を加えたものである。

　例えば「緊急事態対応計画」では、主要設備の障害や製品・サービスの中断、情報技術システムに対するサイバー攻撃、労働力不足、インフラ障害などが生じた際に、供給を継続させるための緊急事態対応計画を用意することを求める。「外部試験所」では、検査・試験・校正サービスを実施する試験所施設に対し、これらを遂行する能力を含む、明確に規定された試験所適用範囲を持つことを要求している。

3-2-2
車載ソフトウェアに対する品質保証の歴史

● **1980〜1990 年代**（SDV レベル 0〜1）

　車載ソフトウェアの品質保証の歴史は、自動車産業の進化とともに大きく変遷してきた。車載ソフトウェアの初期段階では、ECU（Electronic Control Unit、電子制御ユニット）の基本的な機能に対する品質保証が中心になり、主にハードウェアの信頼性が重視されていた。その後、エアバッグ制御や ABS（Anti-lock Brake System）、横滑り防止装置などの安全機能がソフトウェアによって制御されるようになり、徐々にソフトウェアの品質保証が重要視されてきたのである。

● **2000〜2010 年代**（SDV レベル 2）

　車載ソフトウェアの複雑性が増す中で、品質保証のための規格が導入された。特に、自動車向けソフトウェア開発のプロセス標準モデル「Automotive SPICE」（Automotive System Process Improvement and Capability dEtermination）や自動車向けの機能安全に関する国際規格 ISO 26262 が重要な役割を果たした（本節 3-2-3 参照）。

　自動運転技術や ADAS（Advanced Driver-Assistance System、先進運転支援システム）の普及に伴い、品質保証の方法も進化して高度な品質保証技術が導入されるようになった。それにより、特定のツールが普及し、モデルベース開発が広く受け入れられている。

　さらに、設計段階でのシミュレーションと検証が容易になり、開

発効率が向上した。リアルタイムデータを用いてシミュレーションを行うデジタルツイン技術も登場し、実際の環境でのテストを行わずに、製品の性能や挙動を予測・検証することが可能になった。

● 2020年代中盤〜後半（SDVレベル3）

この頃には、自動車システムの大規模化や複雑化、高度化が加速する（**図表3-2-2-1**）。そのため、正しく製品を開発し、品質を保証することが困難になる一方で、社会としては、それらを管理するための法規や標準の整備が進められた。

こうした中、日本では、リコールが起きた際のソフトウェア更新

図表3-2-2-1　車載ソフトウェアの品質保証

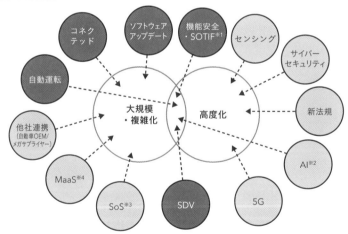

※1 SOTIF：意図した機能の安全性
※2 AI：人工知能
※3 SoS：システム・オブ・システムズ
※4 MaaS：モビリティ・アズ・ア・サービス

ソフトウェアが大規模化、複雑化、高度化するにつれ、法規や標準が細分化されるようになった。（出所：PwC）

による対応が年々増加している（**図表 3-2-2-2**）。ある自動車 OEM では、過去 7 年間のソフトウェア配信数が約 15 倍に増えるなど、リコールに限らず機能追加などでソフトウェア更新を積極的に行っているケースもある（**図表 3-2-2-3**）。

● **2030 年以降**（SDV レベル 4 以降）

現在、AI（Artificial Intelligence、人工知能）や機械学習を活用した自動化ツールが登場し、品質保証の効率化が進んでいる。これによって、より高度な品質管理が可能になると期待されている。

参考文献

（1）国土交通省、「自動車のリコール・不具合情報」、https://www.mlit.go.jp/jidosha/carinf/rcl/data.html

図表 3-2-2-2　日本におけるリコールに占めるソフトウェア更新対応

リコール（国産車、輸入車の合算値）におけるソフトウェア更新件数は、過去 9 年で約 2.3 倍に増えている。（出所：国土交通省の資料[1]を基に PwC 作成）

図表 3-2-2-3　更新ソフトウェアの配信事例

リコールがなくても、積極的に更新ソフトウェアを配信する自動車OEMもある。(出所：米国大手自動車OEMテスラのリリースノート資料を基にPwC作成)

3-2-3　SDVを支える品質保証規格

　以上のような車載ソフトウェアに対する品質保証の歴史の中で、法規や標準が整備されてきた。これらは単体で管理できるものではなく、ともに相互に関連している（**図表 3-2-3-1**）。従って、各法規や標準の要件を正しく理解し、自社の対策へと落とし込むことが必要である。
　この中から、主要なものをいくつか紹介しよう。

● Automotive SPICE（2005年）

　2005年に初版が発行されたAutomotive SPICEは、VDA QMC

3-2　品質保証への取り組み

図表3-2-3-1　SDV時代に重要となる主な法規と標準

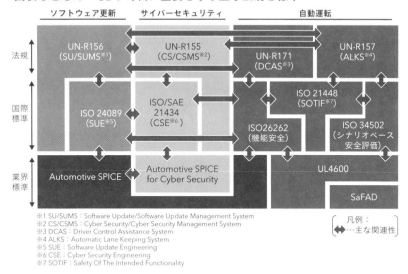

様々な法規や標準が整備され、相互に関連している。（出所：PwC）

（Verbandes Der Automobilindustrie Qualitäts Management Center、ドイツ自動車工業会品質管理センター）によって管理されている車載システム開発向けのプロセスモデルである。客観的なプロセス評価や、プロジェクトおよび組織レベルでのプロセス改善のための業界標準のモデルとして、自動車OEMやサプライヤーを問わず、現在まで活用され続けている。2023年11月には、2017年にVersion 3.1がリリースされて以来、約6年ぶりとなる改訂によってVersion 4.0が正式にリリースされた。Version 4.0には、これまでの業界における運用結果や、最新の技術動向を踏まえた修正および改善が随所に織り込まれている[1]。

Automotive SPICEは「プロセス参照モデル（PRM、Process Reference

図表 3-2-3-2　Automotive SPICEにおけるプロセス参照モデル（上）とプロセス能力レベル（下）

Automotive SPICEで定義されるプロセスカテゴリー、プロセスグループ、およびプロセスが定義されている。（出所：PwC）

Model）」と「プロセスアセスメントモデル（PAM、Process Assessment Model）」から構成されている。プロセス参照モデルは **図表 3-2-3-2** に示す通り、Automotive SPICE で定義されるプロセスカテゴリー、プロセスグループ、およびプロセスを定義。一方、プロセスアセスメントモデルは、Automotive SPICE のアセッサーがアセスメント時に利用する指標を提供しており、プロセスアセスメントを規定した ISO/IEC 33020 に基づき、レベル 0 からレベル 5 までの 6 段階のプロセス能力レベルを定義している。

さらに、Automotive SPICE には支援プロセスグループ（SUP）があり、そのうちの 1 つが SUP.1（品質保証）プロセスである。SUP.1 は大きく、「品質保証体制・基準の策定」「品質保証活動」「問題への対応」という 3 つのプロセスと 7 つの成果物に集約できる（**図表 3-2-3-3**）。

一つ目のプロセス「品質保証体制・基準の策定」では、プロジェクトの品質保証を実施する組織を決定する。この組織には、組織構造的かつ財政的に独立している「独立性」と、公正不偏の態度を保持し利害関係を有していない「客観性」が確保されている必要があ

図表 3-2-3-3　SUP.1（品質保証）プロセスの概要

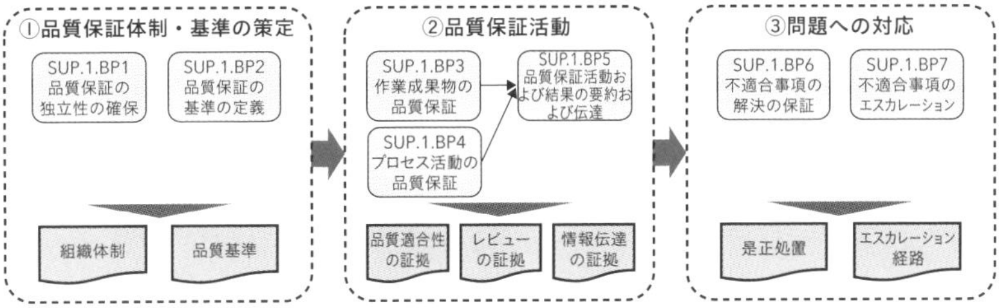

※ BP：Base Practice

SUP.1 は、3 つのプロセスと 7 つの成果物に集約できる。（出所：PwC）

図表 3-2-3-4　組織の独立性および客観性の確保

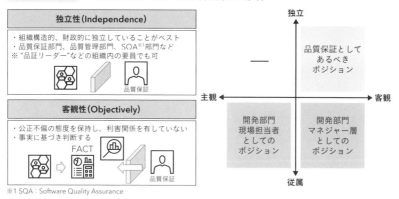

品質保証を実施する組織には、独立性と客観性が確保されている必要がある。（出所：PwC）

る（**図表 3-2-3-4**）。加えて、プロセス活動および作業成果物の両方に対して品質基準を定義する。

二つ目のプロセス「品質保証活動」では、作業成果物およびプロセス活動が品質基準を満足しているかを評価する。品質保証活動の実施状況、結果をまとめ、適宜関係者へ報告する。

そして三つ目のプロセス「問題への対応」では、品質保証活動で発見した問題に対して、分析、追跡、是正、解決、予防処置を実施する。問題の解決を促進するために、あらかじめ設定したエスカレーション経路に従って、該当の問題に対するエスカレーションを適宜適切に実施する。

● ISO26262（2011年）

ISO26262は、システム自体の故障による危険事象の発生を防止することを目的とした安全規格である。自動車部品が必要な機能を

果たせているかを、厳密に点検する際の基準として機能している。

ISO26262 では、ASIL（Automotive Safety Integrity Level、自動車安全水準）というリスク分類体系を定義しており、ASIL-A（最低）から ASIL-D（最高）まで4つの分類がある。各社の考え方や製品機能、周辺機器によって異なる場合もあるが、例えばバックライトは故障時の危険度が比較的低いため ASIL-A レベルでよいものの、エアバッグについては ASIL-D レベルが割り当てられることとなる。

● UN-R156（2020 年）

2020 年 6 月に自動車基準調和世界フォーラム（WP29）第 181 回会合において「プログラム等改変システムに係る協定規則（第 156 号）：UN-R156」〔SUMS、Software Update Management System（ソフトウェア更新マネジメントシステム）〕が採択された。これにより自動車 OEM 各社には 2022 年 7 月以降、SUMS の対象となる地域で販売する車両に対し、UN-R156 への順守が義務付けられた。

この UN-R156 に適合するには、プロセス認可および型式認可の取得が必要になる。プロセス認可については、社内のルール（文書）、プロセス、組織、インフラ（セキュリティ）などが審査され、3 年ごとに更新しなければならない。日本においては 2022 年 7 月より、自動運転なしの OTA（Over The Air）付き新型車に対して UN-R156 が適用され、自動車 OEM 各社はそのタイミングでの適用を順次進めていた。次回の更新は、2024 年から 2026 年ごろとなる。

一方、型式認可については、車両型式ごとに認可の取得が必要となる。

● ISO24089（2023年）

ISO 24089（Software update engineering）は、前述の UN-R156（SUMS）と関連する国際標準という位置付けで、日本の自動車業界を中心に、自動車技術の国際標準化を行う専門委員会（ISO/TC22/SC32、電気および電子部品と一般的なシステムの側面）によって策定された。UN-R156 と同様に、ソフトウェアアップデートする瞬間のみならず、アップデートに向けた準備段階やアップデートを実行するための車両側の機能、車両外（IT インフラストラクチャー）の機能や管理ルールなどが定義され、それらが「組織レベル」「プロジェクトレベル」での管理すべき項目として定義されている（**図表 3-2-3-5**）。

「組織レベル」においては、ソフトウェアアップデート業務における継続的改善や監査など、ISO9001 などで要求される基本的な品質保証の考えを基に定義されており、通常の品質保証体系がソフトウェアアップデートにも適用されていることで満足できるだろう。

「プロジェクトレベル」においては、「組織レベル」で定義された内容が各ソフトウェアアップデートのイベントに落とし込まれていることが求められる。

「機能要件」においてはソフトウェアを管理する車両外の IT インフラストラクチャーに関しての機能やソフトウェアアップデートする際の車両における要件〔例えば、無線（OTA）と有線ツールが同時に接続した場合の調停機能など〕が定められており、また車と車の外との相互運用性と呼ばれる相互の成立性についても要件化されている。これまで車両側と車両外とは独立して開発されるケースが多かったため、相互運用性を誰がどのように保証するかは SDV 化に

図表 3-2-3-5　ISO 24089 の内容

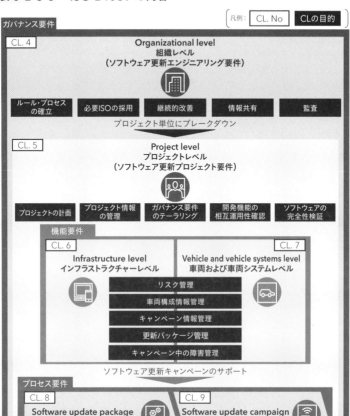

ソフトウェアアップデートに関連する業務などについて、「組織レベル」「プロジェクトレベル」で管理すべき項目などを定義している。（出所：PwC）

おける最も重要な品質保証の観点の一つと言えるだろう。

● その他の SDV 関連規格

SDV の品質保証については、ここまで見てきた規格以外にも、第2章「2-9　サイバーセキュリティ」で紹介した UN-R155（2021年）、ISO/SAE 21434（2021年）や、第3章「3-4　自動運転と SDV の関係性」で記載する UN-R157（2020年）、ISO 21448（2022年）、ISO 34502（2022年）、UN-R171（2024年）などがある。詳しくは、各節を参照していただきたい。

参考文献

（1）PwC、「SDV 時代の Automotive SPICE 4.0 への対応 -Draft 編 -」、https://www.pwc.com/jp/ja/knowledge/column/automotive-research-and-development/vol06.html

3-2-4 車載ソフトウェアに対する品質保証の課題や取り組み

● 品質保証の対象の変化

SDV レベル 0 や 1 における品質保証は、量産開発および製造フェーズの各タイミングで製品の性能を評価することだった。そもそも搭載されているソフトウェアの数が少なかったため、市場に出た後のソフトウェアの不具合対応も多くなかった。

SDV レベル 2 になると、多くの機能がソフトウェアで制御されるようになったため、品質保証はリコール対応などの観点で実施することが増えた。SDV レベル 3 では、社会で要求される法規や標準な

どの増加に伴い、品質保証の工数は、量産開発と市場対応のどちらの観点でも増えることとなった。

そして、SDV レベル 4 以降は、レベル 3 以上に工数が増えると想定される。SDV に関係するプレーヤーに関しても、自動車 OEM や Tier1（第 1 層）サプライヤー、Tier2（第 2 層）サプライヤー以外に、半導体メーカーや OTA サーバー事業者、その他のサービス事業者、官公庁など数多く存在する。このように、複数のプレーヤーの存在によりプレーヤー同士のインターフェースの数が増えるため、品質保証の観点からそれぞれのインターフェースの責任の所在を標準化していく必要がある。

● ソフトウェア品質の懸案事項と狩野モデル

ソフトウェア品質に対する懸案事項としては、①自動運転に伴う車両制御の高度化、②ソフトウェアの大規模化、複雑化、③サイバーセキュリティ脅威の増大、④ VoC（Voice of Customer、顧客の声）影響力の拡大──の 4 つが挙げられる（**図表 3-2-4-1**）。これらの懸案事項を、「狩野モデル」に示される 3 分類へマッピングしたのが **図表 3-2-4-1** である。狩野モデルとは、顧客満足度に影響を与える製品やサービスの品質要素を「当たり前品質要素」「一元的品質要素」「魅力的品質要素」「無関心品質要素」「逆品質要素」の 5 つに分類したもので、今回はこのうちの 3 分類へマッピングした。

一つ目は、魅力的品質。不充足でも特に不満ではないが、充足されれば満足に感じる品質であり、懸案事項の①②④が該当する。中でも、SDV による車内でのサービス提供の度合いは、④ VoC 影響力の拡大として顕在化し、各社の競争力の差を広げる可能性がある。

図表 3-2-4-1　SDV 時代のソフトウェア品質に対する 4 つの懸案事項と狩野モデル

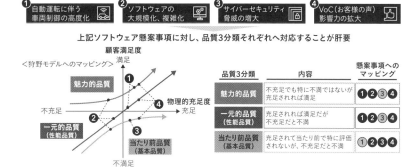

4 つの懸案事項を狩野モデルの中の 3 分類へマッピングした。ソフトウェア品質も、この観点から対応することが肝要である。（出所：PwC）

　二つ目は、一元的品質。充足されれば満足だが、不充足だと不満な性能品質であり、懸案事項の①②④が該当する。今後、自動運転のレベル 3 以降が主流になると、もともとは魅力的品質だった自動運転性能が一元的品質として要求されることになってくる。そこで自動車 OEM 各社は、ユーザーの期待値を常にモニタリングすることが求められる。

　最後の三つ目が、当たり前品質である。充足されて当たり前で特に評価されないが、不充足だと不満な基本品質であり、前述の懸案事項の②③④が該当する。とりわけ、③サイバーセキュリティ脅威の増大が大きく関係する。今後、ソフトウェアでの制御が増えると同時に、サイバーセキュリティの脅威に触れる機会が増加することになるからだ。

　ソフトウェアで実現する機能については、ユーザーに付加価値を与えるという意味で「攻めの機能」と言える。このため、魅力的品

質や一元的品質に分類される。一方で、サイバーセキュリティ機能に関しては、必ず対応しなければならない「守りの機能」と言える。各社は守りの機能を備えた上で、攻めの機能を開発していく必要がある。

● ソフトウェア開発における 8 象限

図表 3-2-4-2 に、「ソフトウェア開発における 8 象限」を示す。人の命を預かる自動車の開発においては、ソフトウェア更新を前提とした開発・品質保証は許されないため、まずは地道に正しく V 字開発（ステップ1）を進めることが肝要とされてきた。「第 1 象限：良い設計と良いテストによる品質つくり込み」——である。

こうしたステップ 1（基礎）での品質のつくり込みをベースに、市

図表 3-2-4-2　ソフトウェア開発における 8 象限

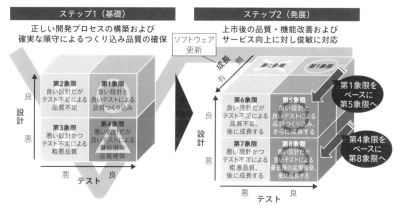

「第 1 象限：良い設計と良いテストによる品質つくり込み」⇒「第 5 象限：良い設計と良いテストによる品質つくり込み、さらに成長する」があるべき姿だが、SDV 時代のソフトウェア開発では「第 4 象限：悪い設計だが良いテストによる最低限の品質確保」⇒「第 8 象限：悪い設計だが良いテストによる最低限の品質確保、後に成長する」があってもよい。（出所：PwC）

場での新たな価値提供へ発展するべくソフトウェア更新を行うのが、現代の自動車開発におけるソフトウェア品質のあるべき姿と言える。すなわち、「第5象限：良い設計と良いテストによる品質つくり込み、さらに成長する」――。

しかし、これからSDV時代が訪れ、SDVのレベルが進むとともに、このような開発ではスピード感が遅く、市場の期待に応えられない恐れがある。そのため、車両の3大機能である「走る・曲がる・止まる」以外の性能に関しては、ステップ1で、ある程度の製品・サービスとしてユーザーへ提供する。「第4象限：悪い設計だが良いテストによる最低限の品質確保」――。その一方で、ステップ2（発展）の段階で、最終的にユーザーが満足する機能へと昇華させる。「第8象限：悪い設計だが良いテストによる最低限の品質確保、後に成長する」――である。

SDV時代のソフトウェア開発では、こうした開発・品質保証の形態、すなわち上市後も含めたアジャイル開発があってもよいだろう。

● 静的管理と動的管理

このような開発、品質保証の在り方の取捨選択は、SDV時代における自動車OEM各社の成長の分岐点とも言える。市場リリース時点での構成情報が静的に凍結されず、リリース後も「動的に変わり続ける（変え続ける）ことに耐え得る仕組み」を構築することこそが競争力の源泉となる（**図表 3-2-4-3**）。

こうした高速開発を支える、市場での高頻度なソフトウェア更新（動的管理）を実現するためには、従来の工場でのECU検査による出荷可否判断の品質保証だけでは難しい。ソフトウェア配信者が最終

図表 3-2-4-3　SDV 時代のソフトウェア情報管理

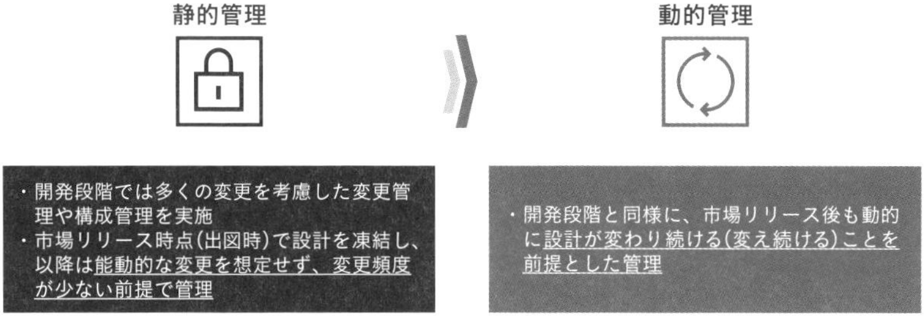

静的管理   動的管理

- 開発段階では多くの変更を考慮した変更管理や構成管理を実施
- 市場リリース時点(出図時)で設計を凍結し、以降は能動的な変更を想定せず、変更頻度が少ない前提で管理

- 開発段階と同様に、市場リリース後も動的に設計が変わり続ける(変え続ける)ことを前提とした管理

リリース後も「動的に変わり続ける（変え続ける）ことに耐え得る仕組み」を構築する。（出所：PwC）

出荷判断責任者となって開発と同時に品質保証（リリース承認）が実施されるような、新たな品質保証・ゲートの考え方を構築する必要がある。

3-3

人材と組織体制の在り方

3-3-1 モビリティDX戦略による官民検討体制とバリューチェーンの変化

　SDV（Software Defined Vehicle、ソフトウェア定義車両）時代の到来により、自動車産業は大きな変革を迎えている。とりわけ車両の機能がソフトウェアによって定義されるこの新しい時代の人材には、従来の自動車技術とは異なるスキルセットが求められる。経済産業省および国土交通省の「モビリティDX検討会」が策定した「モビリティDX戦略」でも、2022年度に人材戦略が一つのサブワーキンググループとして立ち上げられるなど、重要なテーマとして扱われている（**図表 3-3-1-1**）。

　SDV時代における環境変化に伴って、バリューチェーンも変化する。シェアリングサービスやコネクテッドサービスの増加と、それによる広告などの新規サービスの創出により、車両販売後の価値が継続的に向上する。また、EV（Electric Vehicle、電気自動車）や自動運転など広範囲な技術が必要になるため、自社で全てを賄うことが難しくなる。その結果、自動車OEM（自動車メーカー）では開発の外注比率が増加し、事業プロセスの川中に当たる生産・販売に対して川上の開発・調達と川下の利用フェーズであるサービスの付加価値が相対的に向上する、いわゆるスマイルカーブ化が進んでいく（**図表**

3-3 人材と組織体制の在り方

3-3-1-2）。

図表 3-3-1-1　モビリティDX戦略におけるモビリティDX政策の検討体制

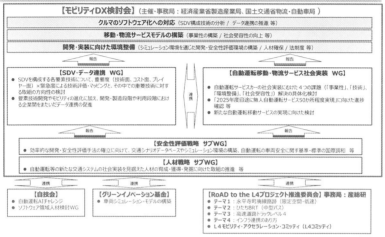

人材戦略は、サブワーキンググループの一つのテーマとして立ち上げられている。（出所：経済産業省）

図表 3-3-1-2　SDV化に伴うバリューチェーンの変化

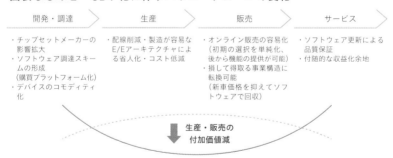

川中の生産・販売に対し、川上の開発・調達と川下のサービスの付加価値が相対的に向上するスマイルカーブ化が進む。（出所：PwC）

261

3-3-2 SDV時代における環境変化と求められる人材

　以上のような背景から、SDV時代では従来の事業と比べて、求められるスキルや人材が多種多様化かつ高度化することになる。ここでは、筆者らが定義したSDVの10要素にひも付く、新たな人材像の業務や役割、要件などについて説明する（**図表 3-3-2-1**）。

● 社会経済/サービスで求められる人材

　「UX/サービスデザイナー」：従来の購入時の機能だけを通したユーザーへの価値提供から、今後はソフトウェアアップデートによる車両販売後の継続的な機能更新による価値提供へと変わる。加えて、従来の単なる移動手段以外の用途が広がり、さらなるUX（User eXperience、ユーザー体験）の向上が期待される。加えて、自動車OEMでは自社のオリジナルプラットフォームだけではなく、様々な自動車OEMやスマートフォン（スマホ）アプリストア、販売プラットフォームと連携・統合するなど、従来とは異なるアプリ/サービス販売の在り方が求められる。そこで必要となる人材が、UX/サービスデザイナーだ。モビリティ単体ではなく、サービスを含めたエコシステム全体に視野を向けたUXおよびサービス設計を行う。

　「社会/ビジネスアーキテクト」：UXの向上に加え、ビジネスモデルも目まぐるしく変化する。これまでは、車両販売時に主な収益化が実行されていたが、今後は、販売後のソフトウェアアップデートによる機能追加や改善を通じたサービスが新たな収益源として追加

される。そこで求められる人材が、社会/ビジネスアーキテクトである。社会ニーズに基づき、販売後のサービスを前提としてデジタル技術を活用した事業を企画立案し、従来の自動車販売モデルではなく、ソフトウェアやサービスの提供を中心とした新しいビジネスモデルを構築する。

● Out-Car/In-Car で求められる人材

「クラウド/IT インフラ構築人材」(Out-Car)：SDV 時代では、市場車のコネクテッド化に伴う高度なビッグデータ分析およびリアルタイムでのデータ利活用が行われる。扱うデータの量、粒度、品質の向上のためには、クラウドの活用が前提となる。そこで求められるのが、車両の機能や性能を支えるためのクラウドインフラや IT システムの設計・構築・運用を行える、クラウド/IT インフラ構築人材である。車両機能の向上に伴い、より大量のデータをリアルタイムで処理する要求に応えるため、高速なデータストリーミングおよび処理能力を有するクラウドインフラを設計する。

「データアナリスト」(Out-Car)：SDV 時代では、車両から収集される膨大なデータを分析し、車両の性能向上や安全性の確保、運用コストの削減を行う必要がある。そこで求められる人材が、データアナリストである。車両からリアルタイムで収集されるデータを、ビジネスに結び付けるための迅速な分析と即時フィードバックを実施する。

「通信ネットワーク開発人材」(Out-Car/In-Car)：これまでのソフトウェアアップデートは、不具合修正時のみ有線で実行されていた。今後は、機能追加や改善も含むソフトウェアアップデートを、無線

263

図表 3-3-2-1　SDV 時代における環境変化と求められる多種多様な人材

SDV →

	Mechanical Controlled Vehicle **0** (機械制御車両)	E/E Controlled Vehicle **1** (電気電子制御車)	Software Controlled Vehicle **2** (ソフトウェア制御車両)	Partial Software Defined Vehicle **3** (部分ソフトウェア定義車両)	Full Software Defined Vehicle **4** (完全ソフトウェア定義車両)	Software Defined Ecosystem **5** (ソフトウェア定義エコシステム)
UX	購入時の機能のみを通じた価値提供			ソフトウェアアップデートにより販売後も継続的に車両価値が向上 会議室利用等、従来の単なる移動手段以外の用途も広がり、さらなるUXが向上 市場状況/ユーザー意見が常にモビリティ全体に反映		
収益構造	車両販売時がメインの収益源			販売後のソフトウェアアップデートによる機能追加/改善を通じ、サービスを中心とした新たなビジネスモデルの構築		
アプリ/サービス販売	自動車OEMオリジナルプラットフォームでアプリ/サービス数は少ない			自動車OEMオリジナルプラットフォームのアプリ/サービス向上から、複数自動車OEM、スマホアプリストアと販売プラットフォームが統合		
クラウドインフラ	車両と独立したITインフラ			市場車のコネクテッド化に伴う高度なビッグデータ分析およびデータ利活用 クラウドの活用によりデータ量/粒度/品質の向上 AIを活用したビッグデータリアルタイム分析によるエコシステム全体の管理		
コネクティビティ	不具合修正時のみ有線にてソフトウェアアップデート			機能追加/改善も含むソフトウェアアップデートをOTAにて高頻度で実行 AIによる常時学習にて、エコシステム全体で最新かつ快適なサービスを提供		
E/Eアーキテクチャ	分散/独立したECU			ハードウェア/ソフトウェアのディカップリングによるゾーン型E/Eアーキテクチャおよびセントラル化の実現 ハードウェアリッチな設計による予約設計		
ソフトウェア開発	ウォーターフォール開発および手動のソフトウェア実装			ハードウェア/ソフトウェアのディカップリングによりアジャイル、CI/CDおよびDevOps開発が推進し、クラウドベースの仮想開発環境にて、開発のシフトレフトが加速 AI活用による市場要求の半自動的な設計への織り込みなどの開発生産性向上		
ソフトウェア構造	ハードウェア固有で再利用性が低いソフトウェア			AUTOSAR準拠、ビークルOS、API標準化の推進 車両型式/世代を超えた再利用性の最大化		
サイバーセキュリティ	CANバス管理および外部接続に伴い、サイバーセキュリティ対策を開始			OTA接続する車載ECUの増加、さらなる脅威の巧妙化による、より高度なセキュリティ対策の実行 SDVエコシステム全体のAIによる常時監視および学習により進化し続けるセーフティ/セキュリティシステムを実現		
半導体	小規模〜中規模のマイコン			リアルタイムで大量のデータを処理するための半導体の高性能化 HPC向け大規模SoCの採用		

3-3 人材と組織体制の在り方

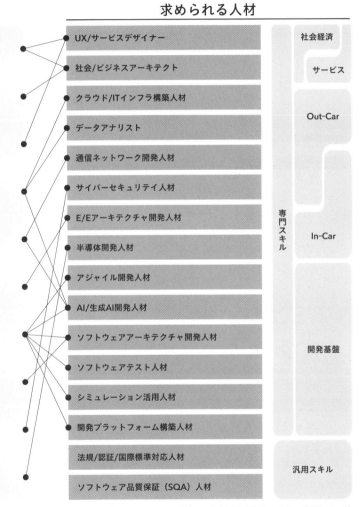

筆者らが定義した SDV の 10 要素にひも付けた新たな人材像。(出所：PwC)

通信すなわち OTA（Over The Air）により高頻度で行うようになる。そこで求められるのが、車両間をはじめ車両とクラウド間、車両とインフラストラクチャー間の通信の設計・構築・運用を行う、通信ネットワーク開発人材である。車両がリアルタイムでデータを送受信し、最新のソフトウェアアップデートや機能を利用できるようにすることが主な役割である。特に自動運転の場合、走行中のデータを分析して即座にフィードバックを提供する必要がある。そこでは、データ通信の遮断が即事故につながる恐れがあるため、リアルタイムでのデータ送受信を支える通信ネットワークの信頼性確保が重要となる。

「サイバーセキュリティ人材」（Out-Car/In-Car）：SDV 時代では、OTA 接続する車載 ECU（Electronic Control Unit、電子制御ユニット）の増加や、ネットワークを通じた外部脅威の巧妙化によって、より高度なセキュリティ対策が必要となる。そこで求められるのが、車両およびそれらを取り巻く環境のセキュリティを確保し、サイバー攻撃から保護する、サイバーセキュリティ人材である。特に SDV では、外部との接続によって常にサイバーセキュリティの脅威にさらされている状態となるため、開発から廃車に至るまでのライフサイクル全体を通じた、継続的なモニタリングとセキュリティの担保が必要になる。

「E/E アーキテクチャ開発人材」（In-Car）：従来のように、ハードウェアとソフトウェアが一体で設計されるのではなく、SDV ではディカップリングによってゾーン型E/E（電気/電子）アーキテクチャやセントラル化が実現する。加えて、将来の追加機能を見越して最初にオーバースペックで設計する「ハードウェアリッチな設計によ

る予約設計」などが行われるようになる。そこで求められるのが、車両のE/Eアーキテクチャの設計や構築、管理を行う、E/Eアーキテクチャ開発人材である。車両の機能や性能を最適化し、最新の技術を統合するための基盤を提供する。この基盤をしっかりと構築することが、販売後のソフトウェアアップデートによる価値の継続につながる。SDVのE/Eアーキテクチャは、従来の車両よりも複雑で高度な設計が求められ、分散型やドメイン型、ゾーン型などの異なるE/Eアーキテクチャの理解と適用が必須となる。

「**半導体開発人材**」（In-Car）：SDV時代では、多くの機能がソフトウェアによって制御されるため、高性能なプロセッサが必要になる。そこで求められるのが、車両の電子システムやコンポーネントに使用される半導体デバイスの設計や開発、テストを行う、半導体開発人材である。車両の性能や機能を最適化するために、最新の半導体技術を活用する。SDV車両は大量のデータをリアルタイムで処理するため、高性能な半導体が必要になるとともに、消費電力の低減が求められる。従って、それらのバランスを考慮した設計が必要となる。

● 開発基盤で求められる人材

「**アジャイル開発人材**」：SDVの世界では、市場の要求変化の激化によってソフトウェアアップデートの頻度が増大するため、高速な開発プロセスの構築が必要となる。そこで求められるのが、アジャイル開発手法を用いて車両ソフトウェアを迅速かつ効率的に開発・改善する、アジャイル開発人材である。ユーザーやステークホルダーからのフィードバックを迅速に取り入れ、製品やプロセスの

改善に生かすことで、市場の要求変化に追随したサービス提供につなげる。

「AI/生成 AI 開発人材」：SDV 時代では、自動運転時の判断やビッグデータのリアルタイム分析、開発プラットフォームの効率化、テスト/シミュレーションにおける利活用など、様々な場面で AI（Artificial Intelligence、人工知能）が活用される。そこで求められるのが、AI/生成 AI 開発人材である。AI 技術は日々進化しており、最新の研究成果や技術動向を常にキャッチアップする必要がある。加えて、AI による意思決定が人命に関わる場合は、その倫理的な側面を考慮する必要がある。

「ソフトウェアアーキテクチャ開発人材」：車両機能のほとんどをソフトウェアで制御するため、これまで以上に車両のソフトウェアシステム全体の設計や構造の計画・指導が重要となり、それを行うソフトウェアアーキテクチャ開発人材が求められる。SDV 車両は、これまでよりも多くの機能を持つことになる。ソフトウェアアーキテクチャ開発人材は、複数のソフトウェアモジュールやシステムの統合により複雑性が増した設計への対応が必須となる。

「ソフトウェアテスト人材」：より多くの機能を持つ SDV には、広範囲で複雑化したテスト全体の計画と実行が求められる。そこでは、車両のソフトウェア品質を確保するためのテスト計画の策定やテストの実施、結果の分析を行う、ソフトウェアテスト人材が求められる。

「シミュレーション活用人材」：自動運転や高度な ADAS（Advanced Driver-Assistance Systems、先進運転支援システム）のリアルタイムシミュレーションを支えるため、高度なシミュレーション環境の構築や大

量の市場データの収集が必要となる。そこでは、車両の設計や開発、テストにおけるシミュレーション技術を活用する、シミュレーション活用人材が求められる。

「開発プラットフォーム構築人材」：ソフトウェアの開発サイクルが短縮されると、手作業でのコーディングでは間に合わなくなるため、より開発生産性の向上や効率化が必要になってくる。そのため、AIツールによる基本的なコード生成や、AIコードレビューによるバグ検出、コード修正の提案、テストの自動化などが必要になる。そこで求められるのが、開発者が効率的にソフトウェアを開発できるように、必要なツールやインフラストラクチャーを整備し維持する、開発プラットフォーム構築人材である。開発生産性向上に必要となるクラウド技術やAI技術は日々進化するため、それらの継続的な学習とアップデートも行う。

● 汎用スキルが求められる人材

「法規/認証/国際標準対応人材」：SDV技術の急速な進化に伴い、法規や標準の更新も頻繁に行われるため、法規/認証/国際標準対応人材も重要となる。最新の規制に関する継続的な学習と情報収集を行い、車両の設計や開発、運用において、各国の法規制や国際標準に適合するための手続きの管理や実行を担う。

「ソフトウェア品質保証（SQA）人材」：SDV時代には、ソフトウェアの更新頻度が増大し、機能の高度化や影響範囲の拡大が予想される。加えて、車両軸ではなく、機能軸（ソフトウェア）で品質保証（SQA、Software Quality Assurance）を考えていく必要がある。そこで求められるのがソフトウェア品質保証（SQA）人材で、車両のソフトウェ

アの品質を確保するために品質保証プロセスの計画や実行、監視を
行う。

3-3-3
ソフトウェア人材の確保（獲得・育成）

　SDV開発には、以上のような人材が必要不可欠となる。今後も、
ソフトウェア開発や保守を支える人材を確保、あるいは育成するこ
とが自動車業界にとっては急務と言える。実際に自動車業界ではソ
フトウェア人材の獲得競争が進んでいる。そこで、「外部人材の獲
得」と「内部人材の育成」に大別される人材確保の手段について説
明する（ **図表 3-3-3-1** ）。

● 外部人材の獲得

　企業レベルの人材獲得手段としては、新規雇用やアウトソーシン
グ、アライアンスの3つが挙げられる。新規雇用の場合、他社に比
べて給与や福利厚生、業務環境などを好条件で提示する他、求人サ
イトやソーシャルメディア、リファラル（紹介）プログラムなど多様
なチャネルを活用して幅広い人材を募集する。さらに、海外からの
人材を受け入れるためには、ビザサポートや移住支援などが重要に
なる。

　ただ、新規雇用の場合には外部依存は減らせるものの、激しい人
材獲得競争が続く中で新しい人材を獲得するのは難しい。そこで考
えられるのが、業務の一部を社外へ委託するアウトソーシングや、

3-3　人材と組織体制の在り方

図表 3-3-3-1　ソフトウェア人材の確保（獲得・育成）

	企業レベル	国/業界団体レベル
外部人材の獲得	**新規雇用** ✓ 必要なスキルセットを持つ人材を外部から新しく採用 　例）好条件の提示（給与、福利厚生、業務環境など） 　　　海外からの人材を受け入れるためのビザサポートや移住支援 **アウトソーシング** ✓ 業務の一部を社外へ委託 　例）SDVに特化したソフトウェア開発企業やITサービスプロバイダーと提携 　　　海外の優秀なエンジニアや開発チームの活用 **アライアンス** ✓ 外部リソース・ノウハウの活用に向けて企業間で連携 　例）次世代SDVプラットフォームの基礎的要素技術に関する共同研究契約の締結	**人材発掘イベントの開催** ✓ ターゲットとする人材（学生、若手社会人など）への訴求力向上や要求スキルの高度化を目的としたイベントの開催 **コミュニティの形成** ✓ 官民の様々な取り組みを可視化・発信し、認知度を向上させ機運を高めていくための「コミュニティ」の形成 **スタートアップの創出** ✓ スタートアップの創出に向けて、政府において各種支援策を実施
内部人材の育成	**社内教育** ✓ 現職のエンジニアに対して、最新の技術やトレンドに対応するためのトレーニングプログラムを実施 　例）e-ラーニングの実施 　　　OJT 経験豊富な社員がメンターとなり、新人や若手社員を指導する制度を導入 **外部の教育プログラムの受講** ✓ オンライン学習プラットフォームや専門教育機関のSDV に特化したプログラムなど、外部のプログラムを利用 　例）大学や専門学校の教育プログラム	**リスキル講座の拡充** ✓ IT・データを中心とした将来の成長が強く見込まれ、雇用創出に貢献する分野において、社会人が高度な専門性を身に付けてキャリアアップを図るための、専門的・実践的な教育訓練講座の実施 **スキル標準の整備** ✓ SDV 人材に求められるスキルに適合する人材を評価・認定する人材のスキル標準を新たに整備

人材確保の手段は「外部人材の獲得」と「内部人材の育成」に大別され、それぞれにおいて「企業レベル」と「国/業界団体レベル」で対応することが求められる。（出所：PwC）

他社とのアライアンスである。外部依存は免れられないが、業界他社と協力して有用な人材を有効活用したり、必要な時に必要なリソースを利用したりするなどの柔軟な対応が可能になる。半面、情報漏洩のリスクや技術の外部依存などのデメリットが生じることになるため、各社の特徴に合わせた対応を検討する必要がある。

　一方で、国や業界団体レベルの対応としては、ターゲットとする人材（学生、若手社会人など）への訴求力向上や、要求スキルの高度化

を目的とした人材発掘イベントの開催、官民の様々な取り組みの可視化や発信を行っていく必要がある。加えて、認知度を高めるコミュニティの形成や、政府主体で各種支援策を実施するスタートアップの創出などの取り組みも求められる。

● 内部人材の教育

外部人材の確保だけでは限界があるため、教育を前提として、今あるリソースの活用を考えていく必要がある。企業レベルの対応としては、現職のエンジニア向けに、最新の技術やトレンドに対応するトレーニングプログラムを行う社内研修や、オンライン学習プラットフォームや専門教育機関のSDVに特化したプログラムなど、外部のプログラムを利用する教育プログラムの受講を用意する。

一方、国や業界団体レベルの対応としては、IT・データを中心とした、将来の成長が強く見込まれ雇用創出に貢献する分野において、社会人が高度な専門性を身に付けてキャリアアップを図れる専門的かつ実践的なリスキリング講座を拡充する。さらに、SDV人材に求められるスキルに適合する人材を評価・認定する、人材のスキル標準の新たな整備なども求められる。

日本では既に、人材育成を目的とした「リスキル講座認定制度※」を推進する、官民一体となった人材確保の取り組みが進められている。各社は今後、個社としての対応と産官学連携による取り組みを両輪で進めていく必要がある。

※　リスキル講座認定制度：IT・データを中心とした、将来の成長が強く見込まれ雇用創出に貢献する分野において、社会人が高度な専門性を身に付けてキャリアアップを図れる、専門的かつ実践的な教育訓練講座を経済産業大臣が認定する制度。

3-3-4
SDV実現に向けて必要となる組織の在り方

　SDVの導入に伴い、自動車メーカーや関連企業は人材だけではなく従来の組織体制を見直し、新しい体制を構築していく必要がある。以下では、従来からの変化点と組織に関連する課題、およびSDVを実現するための組織要件をまとめてみよう（**図表 3-3-4-1**）。

● アジリティの高い組織体制の構築

　組織に関連する従来からの変化点としてまず挙げられるのが、

図表 3-3-4-1　SDVにおける車両開発組織の課題と要件

組織体制に 影響を及ぼすSDVの変化	課題	SDVを実現するための 組織要件
ECU（機能）の統合化 およびE/Eアーキテクチャの変革	ECU（機能）単位で部署が存在している場合、ECUの統合化およびE/Eアーキテクチャの変革に対し組織の在り方を再考する必要がある	アジリティの高い組織体制の構築
ハードウェアとソフトウェアの分離	ソフトウェアが製品として単体で存在するため、車両軸ではなく機能軸（ソフトウェア）で責任の所在を明確にし、リリース判断を行う必要がある	ソフトウェア配信（リリース）判断組織の設置
車両内外のシームレスな接続	In-CarとOut-Carの個別設計ではなく、エコシステム全体としての最適化を図れる仕組みを構築する必要がある	
ソフトウェア更新頻度 および量産後の継続開発機会の増加	市場要求変化に俊敏に対応できる高速な開発サイクルを維持できる仕組みを構築する必要がある	In-CarとOut-Carの横断組織の構築
	量産後に継続して開発し続けられる仕組みを構築する必要がある	アジャイル開発の導入と推進
	高頻度かつ高速なソフトウェア配信に対応できるリリース判断の仕組みを構築する必要がある	
人材要求の高度化および多様化	SDVの開発には、ソフトウェアエンジニアに加えて、データサイエンティスト、セキュリティの専門家など、多様なスキルセットを持つ人材を確保できる仕組みを構築する必要がある	量産後の継続開発チームの構築（CI/CDの構築）

SDVの変化を見ながら課題を見つけ出し、組織要件を考えていく。（出所：PwC）

「ECU（機能）の統合化および E/E アーキテクチャの変革」である。SDV 時代においては、機能配置の最適化や機能統合が進み、ドメイン型 E/E アーキテクチャからゾーン型 E/E アーキテクチャおよびセントラル化が実現する。もし、ECU 単位で部署が存在している場合には、ECU の統合化および E/E アーキテクチャの変革に応じて組織の在り方を再考する必要がある。さらに、人材要求の高度化および多様化が進み、SDV の開発にはソフトウェアエンジニアに加えて、データサイエンティストやセキュリティの専門家など、多様なスキルセットを持つ人材が必要となるため、その人材を確保できる仕組みを構築しなければならない。

　そこで求められる組織要件が、業務やサービスの変化に俊敏に対応する「アジリティの高い組織体制の構築」である。例えば、組織に人を当てはめるのではなく、人に役割を持たせる「ジョブ型人材マネジメント」を実装することで、機能に合わせた組織をバーチャルに構築できる。もしくは、変革に合わせ、組織編成を常に行っていく。さらに、部門横断組織を立ち上げ、都度タスクフォース的に必要な人材を一堂に集めるのも一つの手段である。

● ソフトウェア配信（リリース）判断組織の設置

　SDV ではこれまでと異なり、ハードウェア/ソフトウェア一体ではなく、ソフトウェアが製品として単体で存在するようになる。従って、従来のように車両軸のみで責任の所在を考えるのではなく、機能（ソフトウェア）軸でも責任の所在を明確にし、リリースを判断する必要がある。

　加えて、市場要求の激しい変化に対応するには、ソフトウェア配

図表 3-3-4-2　開発およびリリース可否判断プロセスの変化

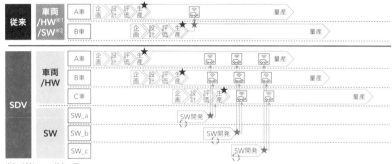

※1　HW：ハードウェア
※2　SW：ソフトウェア

従来はA車に搭載するソフトウェアの新機能は、B車の生産後にリリース可否が判断（★マーク）されてきた。SDVではソフトウェアの新機能搭載は、車両モデルに関わらずリリース可否が判断される。（出所：PwC）

信の高頻度かつ高速化に対応できるリリース判断が必要となる（**図表 3-3-4-2**）。そこで求められる組織要件が、「ソフトウェア配信（リリース）判断組織の設置」である。機能軸で責任者を設定し、車両に限定せず、過去モデルを含めた全車両に対するリリース判断をまとめて行う。

● In-Car と Out-Car の横断組織の構築

　SDVは車両単体では機能は完結せず、Out-Car側とのデータ連携が前提となる。そこで、In-CarとOut-Carの個別設計ではなく、エコシステム全体としての最適化が図れる仕組みを構築する必要がある。そこで求められる組織要件が、「In-CarとOut-Carの横断組織の構築」である。In-CarとOut-Carの連携強化に貢献する組織とし

て、In-Car と Out-Car の各設計部門を一つの組織にまとめるのも一つの方法である。

● **アジャイル開発の導入、量産後の継続開発チームの構築**
（CI/CD の構築）

SDV の世界では、車両販売後のソフトウェアアップデートが当たり前となり、量産後の継続開発機会が増加するとともに、OTA によりユーザーの負担なく高頻度なソフトウェアのアップデートが行えるようになる。これには、市場要求の変化に俊敏に対応できる、高速な開発サイクルを維持する仕組みや、量産後に継続して開発し続けられる仕組みの構築が必要となる。そこで求められる組織要件が、「アジャイル開発の導入」と「量産後の継続開発チームの構築〔CI/CD（Continuous Integration/Continuous Delivery、継続的インテグレーション/継続的デリバリー）の構築〕」である。

3-3-5

各社の特徴に合わせた取り組み

SDV 人材の確保、組織の再編に関する課題は、各社一様ではない。例えば自動車 OEM の場合、ICE（Internal Combustion Engine、内燃機関自動車）開発から長い期間をかけて技術革新を進めてきた伝統自動車 OEM は、これまでの実績が武器となるが、逆に新しい組織体制への移行に対してはしがらみとなる。他方で、ここ十数年の間に設立された新興自動車 OEM は、既存のしがらみにとらわれず最適な

組織をつくることができる特徴はあるが、モビリティとして長期にわたり高い品質で安心・安全を提供し、多くの法規や各種規制を満たすことは並大抵ではない。加えて、自社の強み、他社に対する優位性などによっても抱える課題は異なる。そのため、まずはしっかりとした現状分析の上で、目指すべき将来像をつくっていく必要がある。

3-4

自動運転と SDV の関係性

3-4-1

自動運転の成り立ちと進化

　自動運転は、SAE（Society of Automotive Engineers、米自動車技術者協会）が 2014 年にレベル 0 〜レベル 5 の 6 段階のレベルを定義し、日本を含む世界各国で広く取り入れられている（**図表 3-4-1-1**）。以下、各レベルの詳細を見ていこう。

● レベル 1 の自動運転

　レベル 0 は「自動運転を実現するための技術（運転自動化技術）が何もない状態」で、レベル 1 は「アクセル・ブレーキ操作またはハンドル操作のどちらかを、部分的かつ持続的に自動化した状態」を指す。例えば、自動ブレーキや ACC（Adaptive Cruise Control、自動追従制御）、LKAS（Lane Keeping Assist System、車線維持支援）などにより、前後・左右のいずれかの車両制御を実施する。

　レベル 1 は、SAE の自動運転レベルが定義される以前から各社が取り組んでおり、日本でも 1990 年代より「ASV 推進検討会」において、ASV（Advanced Safety Vehicle、先進安全自動車）技術を含む自動運転技術の普及などを検討してきた[1][2]。

3-4 自動運転と SDV の関係性

図表 3-4-1-1　SAE による自動運転レベル

Level 0	Level 1	Level 2	Level 3	Level 4	Level 5
運転自動化なし	運転支援車	高度な運転支援車	条件付き自動運転車（限定領域）	自動運転車（限定領域）	完全自動運転車
自動運転を実現するための技術（運転自動化技術）が何もない状態	アクセル・ブレーキ操作またはハンドル操作のどちらかを、部分的かつ持続的に自動化した状態	アクセル・ブレーキ操作およびハンドル操作の両方を、部分的かつ持続的に自動化した状態	決められた制限下（ODD）で全ての運転操作を自動化した状態。ただしシステムから運転者への引き継ぎに対応できる必要がある	決められた制限下（ODD）で全ての運転操作を自動化した状態	全ての運転操作を自動化した状態

運転者主体 　　　　　　　　　　　　　　　　　　車両システム主体

6 段階のレベルの中でレベル 1、2 までは「運転支援車」であり、レベル 3 以降から「自動運転車」と定義される。（出所：国土交通省の資料を基に PwC 作成）

● レベル 2 の自動運転

　レベル 2 は「アクセル・ブレーキ操作およびハンドル操作の両方を、部分的かつ持続的に自動化した状態」を指し、レベル 1 の運転支援機能が組み合わされた状態である。例としては、ACC と LKAS を組み合わせて前方の車両に追従しつつ、カーブなどでも車線からはみ出さずに走行できるような機能が挙げられる。

　レベル 1 およびレベル 2 は常に運転者による監視が必要であり、「自動運転」ではなく「運転支援」と位置付けられる。

● レベル 3 の自動運転

　レベル 3 は「条件付き自動運転」であり、「ODD（Operational Design Domain、運行設計領域）と呼ばれる決められた制限下（走行場所など）で、全ての運転操作を自動化した状態」と定義される。なお、ODD とは、自動運転システムが安全に自動運転を行うことができる、車両

279

設計上の条件を指している。

レベル2までは運転者の「ハンズオフ（ハンドルから手を放すこと）」および「アイズオフ（前方や車両周囲から目を放すこと）」は禁止されている一方、レベル3ではいずれも許容される。ただし、「自動運転システム作動中も、システムから運転操作の引き継ぎを求められた場合、運転者は直ちに運転操作を代われる状態でなければならない」ことから、運転者は運転席に着座し、意識ある（起きていて反応できる）状態であることが求められる。このレベル3以上から「自動運転」と位置付けられる。

レベル3自動運転の型式認証については、2021年に日本の自動車OEM（自動車メーカー）が世界に先駆けて取得し、続いて2023年および2024年にドイツの自動車OEMが取得。現時点ではまだ台数は少ないものの、自動運転の市場が徐々に広がりつつある。

● レベル4の自動運転

レベル4は「ODDと呼ばれる決められた制限下（走行場所など）で、全ての運転操作を自動化した状態」で、特定条件下における「完全自動運転」を意味する。特定条件下とは、ある特定の都市部や高速道路、商業施設周辺などを指す。

レベル3との大きな違いは、「特定条件下では運転者の介入が全く不要」、つまりは無人でも走行可能ということである。レベル3ではシステムと運転者が連携し、「オーバーライド（システム・運転者の切り替え）」を意識する必要がある一方、レベル4では特定条件下において「オーバーライド」は意識せず「自動運転」に集中できる。このため、オーバーライドの制御が複雑なレベル3を飛ばしてレベ

ル4の開発に取り組む企業も多い。

　また、無人走行が可能になることで、空港やホテルでの自動バ
レーパーキングや都市部での自動タクシー、自動配送車、自動販売
車など、無人化によって開かれるマーケットのユースケースが考え
られる。特定条件下であることから、特に商用車で取り組みが進ん
でいる。

　レベル3とレベル4は同様に自動運転車と定義されるが、ユー
ザーが得られる価値や社会に与える影響が大きく異なるため、いか
にレベル4以上の車両が広がるかがモビリティ社会の高度化におい
て重要である。

● レベル5の自動運転

　レベル5は「全ての運転操作を自動化した状態」である。レベル
4のように特定条件下といった制限がないため技術的ハードルがと
ても高く、社会実装には長く時間がかかると想定される。ただし、
レベル5が実現されれば、レベル4で記載したユースケースが全世
界のいかなる場所（陸路）においても実現されるため、グローバルで
の移動や場所の概念、あるいは個人の生活様式に大きく影響を与え
ると考えられる。

　例えば、自動車を、移動する「部屋」「家」「職場」「商用施設」と
して扱うこともできる。運転する必要がないため、24時間移動し続
けることも可能となり、長距離移動における自動車の選択が増加す
ることも考えられる。また、車室空間や窓の形状、位置の考え方も
レベル4までとは根本的に変わってくる可能性があり、これまでの
自動車の概念が大きく変わることが想像できる。

参考文献

（1）国土交通省、「先進安全自動車」、https://www.mlit.go.jp/jidosha/anzen/01asv/index.html
（2）国土交通省、「自動運転車両の呼称」、https://www.mlit.go.jp/jidosha/anzen/01asv/report06/file/siryohen_4_jidountenyogo.pdf

3-4-2 自動運転に関連する国際標準および法規制

● 自動車を構成する機能

　自動車は「走る・曲がる・止まる」といった運転操作に関わる機能の他にも、自動運転・運転支援などの AD（Autonomous Driving、自動運転）/ADAS（Advanced Driver-Assistance Systems、先進運転支援システム）機能、走行をつかさどるパワートレーン機能、ライト・ドア・エアコンなどのボディー制御機能、IVI（In-Vehicle Infotainment、車内への情報および娯楽の提供）・IVC〔In-Vehicle Communication、車々間および OTA（Over The Air）通信〕を中心としたコックピット制御機能など、様々な機能で構成されている（**図表 3-4-2-1**）。

● 自動車に関連するルール

　これらの機能には、それぞれで関連するルール（各国法規、国際標準、業界標準）があり、自動車 OEM およびサプライヤー各社はそれぞれに準拠しながら、1 台の自動車として品質やコスト、納期を満足させる必要がある。特に販売される国によるが、型式認可を含む法規では認可取得ができないと生産・販売ができないため、確実な順

図表 3-4-2-1 自動車を構成する主な機能分類と主要構成要素

機能分類	主要構成要素
運転走行機能	アクセル制御、ステアリング制御、ブレーキ制御、関連するバイワイヤ（機械的リンクを電気信号に置き換えたもの）制御など
AD・ADAS機能 （認知、判断、制御に関わる制御）	認知（Sense）：レーダー、LiDAR、カメラなどによる周囲環境の検知および認識 判断（Think）：認知した情報に基づく制御判断〔AI（人工知能）など〕 制御（Act）：判断に基づき物理機能に指示を伝達
パワートレーン機能	エンジン制御、駆動モーター制御、トランスミッション制御、電池・電力制御など
ボディー制御機能 （走行以外の、特にモビリティの快適・利便性に関わる制御）	ライト制御：ヘッドライトやテールライトの自動点灯・消灯、ハイビームとロービームの切り替えなど ドア制御：スマートキー制御、パワードア制御、電動格納ミラー制御など エアコン制御：温度・風量・風向の制御など パワーシート制御：シート位置や角度の電子制御など
コックピット制御機能 （ボディー制御と一部重なり合う部分があるが、特にIVI、IVCに関わる制御）	IVI：情報やエンターテインメントを提供（ナビゲーション、オーディオ、音声認識など） IVC：車内および、車両間通信（Vehicle to Vehicle）や車両インフラ通信（Vehicle to Infrastructure）など車外との通信機能を提供

自動車には「走る・曲がる・止まる」以外にも、様々な機能が搭載されている。（出所：PwC）

守が求められる。

● 自動運転に関連するルール

自動運転に関連する主なルールとしては、

- UN-R171：DCAS（Driver Control Assistance System、運転制御支援システム）
- UN-R157：ALKS（Automatic Lane Keeping System、自動車線維持システム）
- UN-R155：CSMS（Cyber Security Management System）
- UN-R156：SUMS（Software Update Management System）
- ISO 21448：SOTIF（Safety Of The Intended Functionality、意図した機能の安全性）
- ISO 34502：自動運転システムにおけるシナリオベース安全性評

図表 3-4-2-2　自動運転に関連する法規・標準

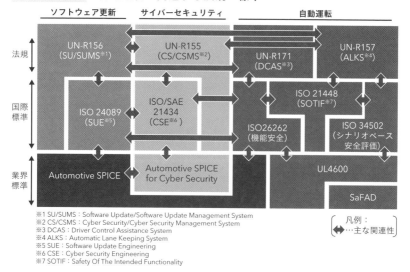

自動運転に関わるルールは、個々に参照および相互関連し合うことに加え、企業内で全体最適化を図ることが必要となる。（出所：PwC）

価フレームワーク

などが挙げられる（ 図表 3-4-2-2 ）。

　これらの法規および標準はそれぞれに参照および相互関連し合うことに加え、機能部門（開発、製造、品質保証、認証、ITシステム、アフターサービスなど）をまたぐルールも多くあるため、各部門で個々に対応するのではなく、企業内で全体を統括する仕組み・体制を構築し、全体最適を図ることが求められる。

　この中から、まず最上位に位置付けられる法規「UN-R171」と「UN-R157」を見ておこう。

3-4-3
UN-R171 の概要

● 自動運転レベル 2 向けの法規

　UN-R171 は、2024 年に自動車基準調和世界フォーラム（WP29）にて制定された、自動運転レベル 2 向けの法規である。DCAS には、縦・横方向の運行補助機能として車線維持支援や車線変更支援、交差点での安全走行支援、運転者の監視（モニタリング）機能などが含まれる。

　DCAS がレベル 3 自動運転と大きく異なる点の一つが、一般的な運転補助機能には対応するものの、システムによる主体的な運転操作には対応できないことである。従って、運転者が常に運転に関与し、責任を持つことが求められる。

● 運転者への要求

　運転者の監視において特徴的なのが、HOR（Hands On Request）と EOR（Eyes On Road）である。HOR はシステムが運転者にハンドルを握るように要求し、EOR はシステムが運転者に前方の道路に視線を向けるように要求する。なお、ここでの要求は、画面表示や警告音などを介して行う。

　HOR または EOR に対して運転者が対応しない場合、エスカレーションとして追加の音声や触覚情報によってより強力な注意喚起を行い、それでも従わない場合にはレベル 2 の運転支援システムを停

止する。

● 事故時の報告に関する要求

　事故時の報告に関する要求も特徴的である（ **図表3-4-3-1** ）。自動車OEMは「①初期報告」として、事故発生時に発生場所、時間、事故の種類などを認証機関へ遅延なく届け出る必要がある。さらに「②短期報告」として、事故およびDCASシステムの調査を実施した結果を、修正措置も含めて報告する。加えて、事故時以外も含めてDCASシステムの運用状況を収集し、型式ごとに年に一度認証機関へ「③定期報告」することが義務付けられている。

図表3-4-3-1　DCASにおける型式認証機関への報告プロセス

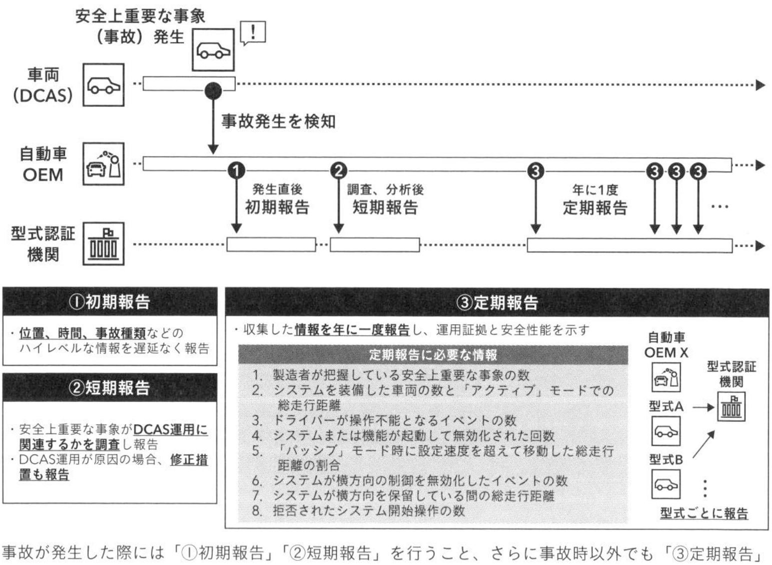

事故が発生した際には「①初期報告」「②短期報告」を行うこと、さらに事故時以外でも「③定期報告」を行うことが義務付けられている。（出所：PwC）

286

これらを実現するには、グローバルおよび 24 時間体制で事故を遅延なく検出する機能の実装および仕組みの構築や、事故後に速やかにデータを抽出し分析する体制・仕組みの構築が必要となる。定期報告についても年々報告する対象台数が増加するため、情報の収集や分析、整理まで自動化できるような仕組みを構築しておく必要があると考えられる。

このように、DCAS システムの機能はもとより、同システムを安全に運用する仕組みの構築も重要となる。

(3-4-4)
UN-R157 の概要

● 自動運転レベル 3 向けの法規

UN-R157 は、自動運転レベル 3 を対象に 2020 年に制定され、2022 年より適用された法規である[1]。ユースケースとしては、高速道路（上限時速 130 km）において入り口における合流から車線変更、そして出口までの自動運転走行が対象となる。

対象車両としては、乗用車の他にバスやトラックも含まれる。前述した UN-R171 と同様に縦・横方向の制御および運転者の監視が必要だが、加えて DSSAD（Data Storage System for Automated Driving、データ記録装置）の搭載が義務付けられている。ALKS の要求事項からすると、**図表 3-4-4-1** のようなシステム構成が想定される。

図表 3-4-4-1　ALKS システムにおける電子システム構成例

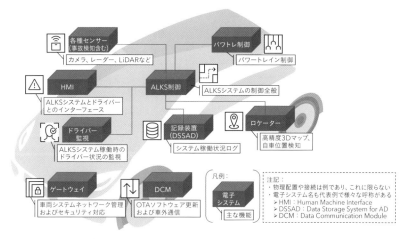

図中の電子システムは物理配置ではなく機能を指しており、これらのシステムが全て必要とは限らない。
（出所：PwC）

● 安全管理システムの構築

　UN-R157 では技術的な要件のみならず、開発時から市場における車両ライフサイクルを見据えた安全管理システム（SMS、Safety Management System）の構築が求められている（**図表 3-4-4-2**）。実際、開発プロセスにおいては、安全管理システム、要件管理、要件の実装、テスト、問題追跡、修正、およびリリースの確立が求められており、自動車向けソフトウェア開発のプロセス標準モデル「Automotive SPICE」（Automotive System Process Improvement and Capability dEtermination）や自動車向けの機能安全に関する国際規格 ISO 26262 への準拠を前提としている[2]。

　また、様々な関連する部門間での効果的なコミュニケーションの

3-4 自動運転とSDVの関係性

図表 3-4-4-2　UN-R157で求められる安全管理システム

安全管理システムは Automotive SPICE や ISO 26262 への準拠を前提としている。(出所：PwC)

仕組みを確立し、組織的な活動を推進できる必要がある。販売後には車両に対して、市場での事故や衝突を監視するプロセス、ならびに潜在的な安全関連のギャップを管理し、車両を安全な状態に更新するプロセスを備えることが求められる。加えて、監視過程で発見した重大事故を認可当局へ報告することも義務付けられる。さらに、UN-R157として確立したプロセスが一貫して実施されていることを、内部プロセス監査にて実証する必要もある。

　UN-R157は自動車OEMに加え、関連するサプライヤーも適切に対応する必要がある。そのため、サプライヤーと契約などを結んで合意した上で、サプライチェーン全体で仕組みを構築しなければならない。

参考文献

（1）PwC、「UNECE WP29 GRVA―自動車線維持システム（ALKS）法規基準への対応」、https://www.pwc.com/jp/ja/knowledge/column/automotive-research-and-development/vol01.html

（2）PwC、「R&D領域における自動運転車開発への対応」、https://www.pwc.com/jp/ja/knowledge/column/industry-transformation/vol03-3.html

3-4-5

ISO 21448 の概要

● 車載電子システムの安全性を保証する国際標準規格

続いて、ここからは国際標準の「ISO 21448」と「ISO 34502」を見ていく（**図表 3-4-2-2**）。

まず、ISO 21448 は、自動車技術の国際標準化を行う専門委員会（ISO/TC22/SC32/WG8）において、UN-R157 の法整備と並行して策定された。これは自動運転車をはじめとする、大規模、複雑かつ高度な車載電子システムの安全性を保証する開発手法に関する国際標準規格である。

既に広く普及している ISO 26262 は、システム自体の故障による危険事象の発生を防ぐことを目的とした安全規格であるのに対し、ISO 21448 はシステム故障がない状態における危険事象の発生を防止することを目的とした安全規格である（**図表 3-4-5-1**）。なお、両規格は補完関係にある。

また、ISO 21448 が対象としている「システム故障がない状態での危険」を誘発する要素としては、システムの性能限界や外部環境の影響、ユーザーまたは交通参加者による誤用・誤操作などが挙げ

図表 3-4-5-1　ISO 26262 と ISO 21448 の違い

システム故障による危険事象の発生を防ぐ安全規格である ISO 26262 に対して、ISO 21448 はシステム故障がない状態での危険事象の発生を防止する安全規格である。（出所：PwC）

られる[1][2]。

● SOTIF の目的

ISO 21448 の SOTIF の主な目的は、「SOTIF 関連の危険事象のリスクレベルが十分に低いことを保証するため、使用するプロセスと理論的根拠を説明すること」とされている。そして、リスクを検証するために、関連するシナリオをベースに分析を行う。

SOTIF では、シナリオを 4 つの領域に分けている（**図表 3-4-5-2**）。具体的には、領域 1「既知の危険ではないシナリオ」、領域 2「既知の危険なシナリオ」、領域 3「未知の危険なシナリオ」、領域 4「未知の危険ではないシナリオ」で、最終的な目標は「領域 2 および領域 3 に存在する潜在的な危険の評価」である。その結果、領域 2 と領域 3 の面積を最小とし、「シナリオによって引き起こされる残存リスクが、十分に低いことを証明すること」が義務付けられてい

図表 3-4-5-2　SOTIF における危険状態の 4 領域

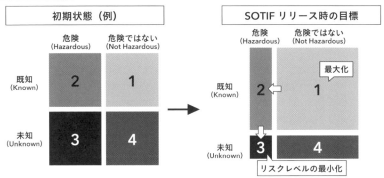

※ 各領域のサイズはリスクの数ではなく、シナリオ数のイメージを表現

領域	定義	活動
1	既知の危険ではないシナリオ	・SOTIF 活動を通じてリリースまでに領域を最大化する
2	既知の危険なシナリオ	・領域3（未知の危険）を抽出し、既知化した上で許容可能なレベルまで制御できるようにする（必要に応じて領域1へ移動）
3	未知の危険なシナリオ	・SOTIF 活動を通じてリリースまでに領域を最小化する（システム統合テスト「Validation」も領域最小化に役立つ）
4	未知の危険ではないシナリオ	・あらゆるシナリオを既知化し、未知の領域を可能な限り最小化する

SOTIF では、リスクが十分に低い（領域2と領域3の面積を最小にする）ことを証明することで未知の危険を最小化する。（出所：PwC）

る。リスクがゼロであることの証明は不可能であることから、SOTIF では「リスクが十分に低いことを証明」することで「未知の危険の最小化」を目指しているのである。

参考文献

（1） PwC、「ISO 21448 SOTIF（Safety of the intended functionality）意図した機能の安全性―概要編―」、https://www.pwc.com/jp/ja/knowledge/column/automotive-research-and-development/iso-sotif.html
（2） PwC、「ISO 21448 SOTIF（Safety of the intended functionality）意図した機能の安全性―アクティビティ解説編―」、https://www.pwc.com/jp/ja/knowledge/column/automotive-research-and-development/iso-sotif2.html

3-4-6 ISO 34502 の概要

● 安全性を網羅的に保証

一方、ISO 34502 は日本の自動車業界を中心に作成され、自動車技術の国際標準化を行う専門委員会（ISO/TC22/SC33/WG9）により2022年に制定された[1]。ISO 34502 は、前述の UN-R157 や ISO 26262、ISO 21448 と深く関連している。それぞれの法規および標準にのっとって設計された機能に対し、認知・判断・制御に関連するリスク要因のフレームワークに沿って危険シナリオを抽出し、個別システムによらず体系的・網羅的に安全性を保証する（**図表 3-4-6-1**）。

図表 3-4-6-1　ISO 21448 と ISO 34502 の関係性

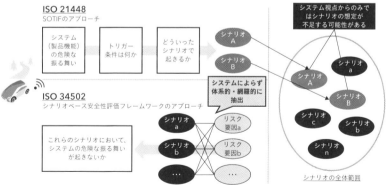

個々の標準で設計された機能を体系的・網羅的に抽出して安全性を保証する。（出所：PwC）

以上のように、自動運転を実現するためには技術開発のみならずルールへの順守も必須となり、特に企業全体としての取り組みが必要なルールに関しては、開発部門と並行して社内の仕組みづくりを行う必要がある。

参考文献

（1）PwC、「ISO/DIS 34502 自動運転システムにおけるシナリオベース安全性評価フレームワーク」、https://www.pwc.com/jp/ja/knowledge/column/automotive-research-and-development/iso-dis-34502.html

3-4-7

自動運転と SDV の関係

筆者ら PwC では、SDV（Software Defined Vehicle、ソフトウェア定義車両）レベルを0〜5の6段階で定義している。このレベルは、**図表3-4-1-1** で示した SAE の自動運転レベルの階層と同じように見えるかもしれない。これは、PwC が次に述べる理由から、意図してレベルを合わせているからだ（**図表3-4-7-1**）。

● SDV のレベルアップと自動運転の関係

SDV を積極的に推進する自動車 OEM においては、最終的に完全自動運転を目指す中で、まずは自動運転レベル2相当の車両を販売し、その後同レベル3にアップグレードすることを狙っている。そんな中、常に市場の声に耳を傾け、同レベル2でもソフトウェアアップデートによって機能・性能を向上させている。

本節「3-4-1 自動運転の成り立ちと進化」の中で述べたように、

3-4 自動運転とSDVの関係性

図表 3-4-7-1　自動運転レベルとSDVレベル

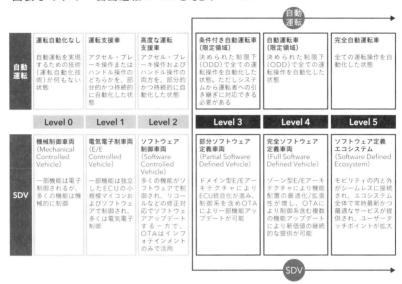

自動運転によってもたらされる新しい移動の楽しみ方を、SDVが加速させる。（出所：PwC）

　自動運転においては運行設計領域というODDの中で設計するが、それでも意図しないユースケースや走行状況が後々顕在化することがある。加えて、運転支援および自動運転のような複雑な機能は、「100％正しい状態で市場リリースはできない（バグは含まれる）」という前提に立ち、いかに早く市場でバグを検出して速やかに対応できるかが、今後のユーザー満足度向上につながるだろう。

　このような側面から、自動運転レベルを高めるためにはSDVレベルの向上が必要不可欠であると考えられる。

● **自動運転のレベルアップとSDVの関係**

　自動運転レベル3とレベル4、レベル5の間には大きな違いがあ

り、レベルが上がるごとにユーザーや社会としてのモビリティの使い方、および関わり方が大きく変わると述べた。自動運転レベルが上がることによって、運転者が「運転に費やす時間」が減少し、「運転以外に費やせる時間」が増加する。この時間は、自動運転がレベル3、レベル4、レベル5と上がるにつれて指数関数的に増加するだろう。

こうした「運転以外に費やせる時間」の増加は、「SDVによって提供できる価値領域」の拡張に他ならない。これは、運転者がこれまで運転に集中していた時間に、仕事や読書、ゲームをしたり、映画を見たり、あるいは運動をしたり、睡眠をとったりと、車内における活動が多様化するからだ。

もちろん、電車やバスなどの公共交通機関でも、読書やスマートフォンによるゲーム、映画鑑賞、音楽鑑賞を楽しむことはできるが、音を出したり声を発したりすることはマナー上できない。だが、公共交通機関以外のモビリティという隔離されたプライベート空間においては、それが許されるためアクティブなエンターテインメントにも拡張できる。これらの機能は、SDVで実現されるコネクティビティや機能追加、アップデートなどによってもたらされることから、自動運転レベルの向上によってSDVの価値がより引き出されていくことになる。

このように、SDVレベルの向上が自動運転レベルの向上につながると同時に、自動運転レベルの向上がSDVレベルの向上につながるため、それぞれの進化を意識して連動させることが大変重要になると考えられる。

第4章

SDVの
プレーヤーたち

4-1

SDVを取り巻く
プレーヤーとは

4-1-1

SDVを軸にしたエコシステム実現の
方向性

SDV（Software Defined Vehicle、ソフトウェア定義車両）が普及するにつれ、自動車の在り方や市場のトレンドは大きく変遷していきそうだ。そのビジネスモデルはユーザーを中心に据え、生活の範囲を幅広くカバーする必要性が高まってくる。現在、自動車業界で中核を担う車載ソフトウェアや関連サービスの領域においては、早急にエコシステムを構築し、モビリティに偏っている現状の事業構造を変革していくことが求められる。

それでは、ユーザーはエコシステムに対して、どのような期待をしているのだろうか。PwCが実施した調査「デジタル自動車レポート2023」[1]の結果から、それを探っていこう。

● 米国、ドイツ、中国在住の約3000人に調査を実施

「デジタル自動車レポート2023」では、PwC英国が2023年に発表した、世界の消費者を対象とした調査内容をまとめている。各地域別の構造分析に基づく2035年までの定量的な市場予測に加えて、自動車OEM（自動車メーカー）やサプライヤーの経営幹部、著名な研究者、業界アナリストへのインタビューなどを掲載している。

図表 4-1-1-1　調査対象の概要

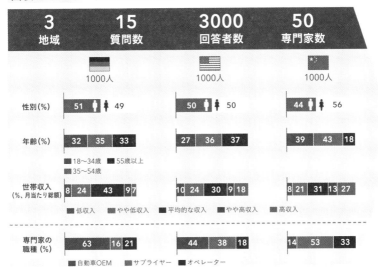

対象は、米国、ドイツ、中国の3カ国に在住する約3000人の消費者および50人の専門家。消費者の男女比率はほぼ半々、年齢層は18歳から55歳以上、世帯収入は低収入層から高収入層まで。（出所：PwC）

本調査では、米国、ドイツ、中国の3カ国に在住する約3000人の消費者および50人の専門家を対象に、15の質問を投げかけた（**図表4-1-1-1**）。

この中から、ユーザーのエコシステムへの期待に関連する質問についていくつか見ていこう。

● **ユーザーが期待するものとは……**

質問：コネクテッドサービスやメディア/エンターテインメントを車内でどのように楽しみたいですか？

結果：全ての地域において、スマートフォン（スマホ）のミラーリング（画面転送）が最も好まれていた。一方で、自動車OEMが提供

するアプリを介したメディア/エンターテインメント利用の人気は低かった（**図表 4-1-1-2**）。

質問：完全自動運転で得られる時間をどのような活動に使いたいですか？

結果：完全自動運転によって、「運転しないこと」で得られる時間を有効活用する意欲は、2021年よりも低下していた。特に米国とドイツでの低下が著しかった。時間の使い道としては、依然として「メディアやエンターテインメント」および「リラックスや心身の回復」が主流である。また国別に見ると、ドイツと米国では「仕事や生産活動」、中国では「社交的交流」のニーズが高い（**図表4-1-1-3**）。

質問：平均的なタクシーとその料金を前提に比較した場合、ロボタクシーにどの程度の料金を支払ってもよいと思いますか？

図表 4-1-1-2　車内でのコネクテットサービスとメディア/エンターテインメントの利用

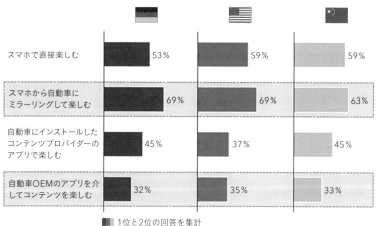

ミラーリングについては、各国とも6〜7割弱のユーザーが好んでいる。一方、自動車OEMアプリを介したコンテンツを好むユーザーは各国とも3割ほどにとどまる。（出所：PwC）

結果：ドイツでは、若い消費者がロボタクシーに高額な料金を支払う意思があったが、高齢の消費者にはそれがあまりなかった。一方、米国ではロボタクシーに対して「より低い料金を支払う」という回答が、中国では「同じくらいの料金を支払う」という回答が多くを占めた。「より低い料金を支払う」という回答者は、普通のタクシー料金の「40〜50％引き」が妥当と考えていた（**図表 4-1-1-4**）。

図表 4-1-1-3　完全自動運転により得られる時間の使い道のトップ3

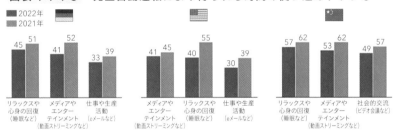

各項目の棒グラフは、左が 2022 年、右が 2021 年。3 カ国とも、各項目において 2022 年の数値は 2021 年比で落ちている。（出所：PwC）

図表 4-1-1-4　年齢別に見た、ロボタクシーへの支払い意欲

ロボタクシーに対する価値の感じ方に対し、各国により特色が見られた。（出所：PwC）

● 調査から明らかになるユーザー選好

　以上見てきた調査の結果を、ユーザー選好という観点からまとめておこう。

　まず、車内での楽しみ方としては、スマホのミラーリングや自動車の各種オンデマンド機能の人気が高い。これは、SDV に対するユーザーの潜在ニーズとして、自動車 OEM があらかじめ選定した機能よりも、自在にパーソナライズ化できる機能を望んでいるということが見て取れる。そのため、これまで自動車業界には縁のなかったようなコンテンツプロバイダーなどの参入余地も大いにありそうだ。

　「完全自動運転で得られる時間をどう使用したいか」については、娯楽を楽しみたいニーズがメインでありながら、国ごとで多少のニーズの違いが見られた。ただし、完全自動運転で得られる時間活用の意欲が低下傾向にあることについては、もう少し慎重に見ていく必要がありそうだ。

　ロボタクシーの支払い意志額に関する調査では、国ごとに比率は異なるものの、総じて「より高い料金を支払う」意思を持つ人は少ない傾向にある。このことを、ロボタクシー自体には大きな価値を見いだせないと考えれば、事業者はそこに新たな UX（User eXperience、ユーザー体験）を付加する施策を講じていかなければならないだろう。

　こうした結果からは、ユーザーの多くが SDV 化や自動運転化で得られる価値をまだ具体的にうまくイメージできていない可能性が見て取れる。そのためにはどうしたらよいのか、次に考えていこう。

● ユーザー選好から得られる示唆

　自動車関連企業は、ユーザーにとっての利用のしやすさを維持することが不可欠である。モビリティニーズは、長期的な経済環境や政治、社会動向、世代交代に影響される。前述のアンケート結果はあくまでも一例に過ぎないが、個々のユーザーの期待を中心に考えたエコシステムへのアプローチ、すなわち「ビジネス主体」から「人間主体」へのシフトは必至であろう。

　また、顧客最適を継続的に実現していくためには、従来のビジネス構造からの転換が求められる。これまでの自動車 OEM は売り切りのビジネスモデル、すなわち SOP（Start of Production）をもって終了となるスタイルだった。それが、SDV 時代の到来により、ライフサイクル全体に及ぶビジネスや、SOP 後の開発継続が求められるようになる。

　そうなると、開発・調達フェーズでは、ソフトウェア調達のプラットフォーム形成や開発効率化のためのコモディティ化が重要になり、モビリティ販売後のサービスフェーズではその付加価値が高まる。一方、両フェーズの中間に当たる生産フェーズでは、E/E（電気/電子）アーキテクチャの進化により、部品点数が減少するため車両組み立てにおける付加価値が低下する。販売フェーズでも、販売後のサービスフェーズの付加価値の上昇に伴い、相対的に販売時点での付加価値が下がることになる。

　こうした中、自動車 OEM は、ユーザーが期待する魅力的なサービスを提供するために、今まであまり接点がなかったようなテクノロジー企業との連携を余儀なくされ、能動的なコントロールを失う

図表 4-1-1-5　テクノロジー企業の介入

自動車OEMとテクノロジー企業の力関係が変化する。(出所：PwC)

リスクがある。そうした事態を回避するためには、これまで以上にユーザーとの距離を縮めて、自社のテクノロジー関連の能力を向上させ、効果的なデータガバナンスを実践する必要がある（**図表 4-1-1-5**）。

参考文献

（1）PwC、「デジタル自動車レポート 2023 消費者の真のニーズを理解する」、https://www.strategyand.pwc.com/jp/ja/publications/report/asset/pdf/digital-auto-report-2023.pdf

4-1-2　SDVを取り巻くプレーヤー

続いて、SDVを取り巻くプレーヤーについて考えてみよう。まずSDVの定義だが、これについては第1章「1-3　SDVを定義する」で詳しく述べた。簡単に振り返ると、筆者らはSDVについて、

「Vehicle（車両）」という言葉が含まれるものの、実際は車両やモビリティ自体のみならず、モビリティの内と外（In-Car/Out-Car）、およびそこからのユーザーへの価値提供という概念を包含した存在であると考えている。その上で、SDVについては、「ソフトウェアを基軸にモビリティの内と外をつなぎ、機能を更新し続けることで、ユーザーに新たな価値および体験を提供し続けるための基盤（エコシステム）」と定義した。

図表 4-1-2-1　SDV の定義とエコシステムの全体像

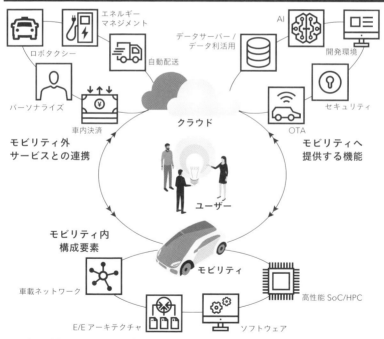

ユーザーを中心に、モビリティの内だけではなく外でもエコシステムを構築する。（出所：PwC）

従って、「SDVの中心はモビリティではなく、ユーザーそのもの、あるいはユーザーに提供する価値や体験であると捉えること」が重要であり、「モビリティやクラウド、その他関連する技術などは、あくまでそのための手段」として捉えることが肝要となる（**図表 4-1-2-1**）。

● 多種多様なプレーヤーが参入

　SDVを取り巻くプレーヤーは、自動車OEMやサプライヤー（ソフトウェア関連ベンダーなど）のみならず、官公庁や自治体、半導体メーカー、モビリティサービス事業者、異業種プレーヤーなど多種多様である。SDV関連の事業を効率的かつ確実に推し進めるためには、各プレーヤーの役割の全体像を正しく理解し、いかに自社のポジションを確立するか、誰と手をつなぐべきかを戦略的に検討することが求められる。

　また、各プレーヤーの対応事項は「どのモビリティか」、あるいは「どのSDVレベルに対する施策か」によっても大きく変わってくる。そのため、各プレーヤーはSDV関連の全体像を把握しつつ、自社が目指すSDV関連事業のスコープを明確にした上で、事業を推進する必要があると考える。

　そんな中、SDVプレーヤーの中で、（従来の自動車業界視点での）異業種プレーヤーとしてはどのような存在があるだろうか。例えば、自動運転レベルの進行に合わせて考えてみよう。

　自動運転レベル3〜4が普及すると、車両とユーザーの間では「責任の受け渡し」が発生する。特に事故が起きた際には、保険の観点などから、車両とユーザーのどちらに責任があるかということ

を明確にしなければならない。そこで、その判断材料となる車両側の各種データや、外部環境の各種データを提供できるような仕組みを、自動車OEMだけではなく、官公庁や保険会社が連携して構築していく必要がある。

さらに自動運転レベル5に達すると、それまでユーザーが実行していた操作は完全に自動車側にゆだねられる。つまり、ユーザーはもはや「ドライバー」ではなくなり、移動中に仕事をしたりゲームをしたり映画を見たりするようになる。そのため、ユーザーが「移動空間」を目的に応じて有効に利活用するためのサービスを提供する事業者の参入が加速するであろう。

この他、SDV化と相性がよい電動化の観点から見れば、モビリティが蓄えた電力を家庭で使ったり電力会社に売ったりすることが可能になり、その場合には異業種プレーヤーとして電力会社が浮上する。

このように、SDV化が進行すると、新たなサービスやビジネスが広がるとともに、多種多様なプレーヤーの参入が想定される。

● 新たなビジネス/サービスが登場

SDVは当然のことながら、乗用車以外にもタクシー、トラック、バスなど商用車にも関連しており、従来では考えられなかったようなビジネスが登場することになる。

例えば自動運転タクシーであれば、配車アプリで無人タクシーを予約、乗降場所を指定し、決済処理を行い降車するまでの一切を無人で対応できるようになるかもしれない。また、パーソナライズ化されたユーザーの好みや目的地、希望の到着時間などを考慮して、

自動運転タクシー、バスや電車などの公共機関、電動自転車や電動キックボードといった様々な移動手段の中から最適な移動手段を提案したり、指定した時間や場所に配車したりするサービスも登場しそうである。

　カーシェアリングについては、現在は自動車自体に備わっているサービスや機能のみしか使用できない。それがSDVになれば、まるでパソコンのように、ログインIDを用いてどのシェアカーでも常に同じ環境で使用できるサービスが提供されるかもしれない。具体的には、内蔵されているオーディオ機能や地図表示の設定、車両の設定（ミラーの位置や座席シートの位置など）が自動でパーソナライズ化されるようなイメージである。

　さらに将来的には、「空飛ぶクルマ」がSDVのモビリティとして加わることになるだろう。空飛ぶクルマといえば、一般には「eVTOL（イーブイトール）」と呼ばれる電動の小型垂直機を指す場合が多く、離着陸用の滑走路を必要としないことが特徴である。

　そんな空飛ぶクルマを活用した旅客輸送や荷物の運搬サービスが導入されると、通常の自動車と同様に、保険はもちろん、離着陸場を軸にした新たな街づくりや通信インフラの整備などから幅広いビジネスが展開される可能性がある。ただし、空飛ぶクルマについては現在、普及に当たって様々な課題に直面しているさなかである。特に移動領域が地上だけではなく空中にまで及ぶことから、空飛ぶクルマならではの法の整備や安全性の確保、インフラの構築などが求められている。

　以上見てきたように、SDVによってユーザーに新たな価値および体験を提供し続けるためのエコシステムの実現に向けては、SDV

プレーヤー自体がまず SDV の全体像をきちんと把握しなければならない。その上で、自社の役割を明確化し、自社の製品やサービスで実施可能な SDV 関連事業のスコープについてポートフォリオを構築し、それに基づいたリソース配分を実施することが必要である。

そこで、様々な SDV プレーヤーが具体的にどのような対応を取るべきかについては、次の「4-2 各プレーヤーの取るべき対応」で述べていく。

4-2

各プレーヤーの取るべき対応

4-2-1
SDV を取り巻くプレーヤーの顔ぶれ

　SDV（Software Defined Vehicle、ソフトウェア定義車両）に関連するプレーヤーは、自動車 OEM（自動車メーカー）、サプライヤー（ソフトウェア関連ベンダー）のみならず、官公庁や業界団体、半導体メーカー、OTA（Over The Air）サービス事業者、その他サービス業者など様々である。これらプレーヤーそれぞれの視点によって SDV の見え方や対応は変わってくるため、プレーヤーごとに SDV の全体像を把握しながら、柔軟な対応を考えていく必要がある。

4-2-2
プレーヤーを 6 者に分類、それぞれの取るべき対応とは

　本節では、SDV のプレーヤーを以下のように「自動車 OEM」「サプライヤー（ソフトウェア関連ベンダー)」「半導体メーカー」「OTA サーバー事業者」「その他サービス事業者」「官公庁や業界団体」に分類して、それぞれの取るべき対応について考えていく（**図表4-2-2-1**）。

310

4-2 各プレーヤーの取るべき対応

図表 4-2-2-1　SDVプレーヤーとSDVを構成する10要素の対応

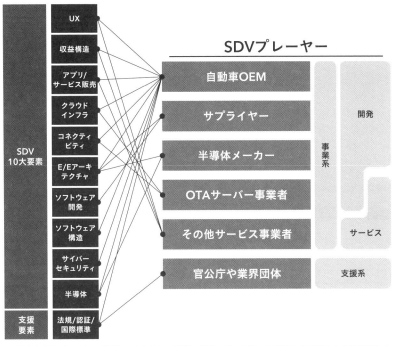

10要素を担うプレーヤーが異なるとともに、事業、開発、サービス、支援という事業としての役割にも違いがある。（出所：PwC）

- 自動車OEM：いわゆる車両を製造販売する自動車メーカー
- サプライヤー（ソフトウェア関連ベンダー）：自動車メーカーに部品を供給するメーカーの中でもソフトウェア開発を手がける企業や、自動車業界に特化したITベンダーなど
- 半導体メーカー：文字通り半導体メーカーで、自動車系半導体以外も含む
- OTAサーバー事業者：車両のソフトウェアやファームウェアの

更新を無線通信で行うための技術やサービスを提供する事業者
・その他サービス事業者：上記に該当しない事業者。SDVが従来の
自動車産業の枠にとどまらない存在であるため、今では思いもつ
かないような事業者が関係してくる可能性もある
・官公庁や業界団体：SDVや自動運転に関わる法規制や制度などの
面で必須のプレーヤー

● 自動車 OEM

　自動車 OEM は、第 1 章「1-5 SDV の課題」で解説した 10 要素
の全ての観点から変革が求められる。例えば、サービスを中心とし
た新しいビジネスモデルの構築をはじめ、クラウドを介したデータ
の活用、市場要求に迅速に対応するための開発プロセスの高速化な
ど、課題は多岐にわたる。加えて、今後ステップアップを重ね続け
る SDV に追従していくための人材の獲得および育成、組織改革な
どへの対応にも迫られている。これらの課題に企業単独で臨むのは
現実的ではなく、アウトソーシングや複数企業との協業やアライア
ンス、産官学連携なども含めて検討していく必要がある。
　その戦い方は、自動車 OEM 各社によって異なる。社会や市場の
現状をしっかりと把握し、自社に合った対応策を考えていくことも
肝要である。
　第 1 章「1-4 電動化と自動運転との関係」では、電動化と自動運
転の取り組みと関連して、ICE（Internal Combustion Engine、内燃機関自動
車）からスタートし、かつその歴史が長い伝統的自動車 OEM（伝統
OEM）と、創業当初から BEV（Battery Electric Vehicle、バッテリー式電気自
動車）一筋でかつ歴史が浅い新興自動車 OEM（新興 OEM）とで、それ

ぞれ強みと弱みがあると述べた。具体的には、「それぞれに適した方法でSDV化、自動運転化、電動化が進行していく。現在、SDVレベルに関していえば、伝統OEMは新興OEMよりも下の段階にいる。将来は、いずれもSDVレベル5に向かうことになるが、電動化や自動運転化の取り組み方は異なってくるだろう。伝統OEMは段階的に減少するもののICE、HEV（Hybrid Electric Vehicle、ハイブリッド自動車）、PHEV（Plug-in Hybrid Electric Vehicle、プラグインインハイブリッド自動車）を含む広い範囲で自動運転レベル3〜5に対応し、新興OEMはBEVを中心に自動運転レベル4〜5に取り組むことになると考えられる」とした。

今後、時間がたつにつれ、今は新興OEMといわれても、やがては「新興」とは言えなくなる日がくる。加えて、自動車OEMと異業種、あるいは自動車OEM同士の協業やアライアンスなどが積極的に行われるようになれば、もはや伝統OEMとも新興OEMともいえない存在が増え、SDV時代における新たな自動車OEM像が見えてくるだろう。

● サプライヤー（ソフトウェア関連ベンダー）

システム開発に関わるサプライヤー各社は、まずソフトウェア開発工程の変革が求められる。筆者らが、2024年にTier1（第1層）サプライヤーを対象に実施したSDV関連事業調査では、自動車とソフトウェアの両方を理解できる人材の獲得および育成に課題を抱えていた。特に、Tier1サプライヤー各社はソフトウェアアーキテクチャ人材が不足していることから、2030年までに同人材を現状の2倍程度に増やす方針を明らかにしている。

一方で、サプライヤー各社は既に、SDV に大規模な投資を実施し、競合他社と差異化を図りながら SDV 関連製品およびサービスの提供を始めている。その際、「システム売りからソフトウェア単独での販売への移行」「商用車への注力」「ADAS（Advanced Driver-Assistance Systems、先進運転支援システム）に注力」など、各社の注力領域は様々である。これらの現状を鑑みても、サプライヤーは自社の強みと競合状況を踏まえ、SDV の注力領域を明確にし、SDV ビジネスを強く推進していく必要があると考えられる。

サプライヤーは自動車 OEM との関係性に関しても注意が必要である。第1章「1-4 電動化と自動運転との関係」でも述べたように、サプライヤーは伝統 OEM および新興 OEM の両方の戦略と状況を常に正しく把握し、自社の戦略に応じて両者に対応するか、どちらかに寄り添うかを考えなくてはならない。とりわけメガサプライヤーに関しては、製品ラインアップの多さ故に、基本的には両者への対応が必須であると考えられ、堅実な伝統的対応とスピード感ある新興的対応を両立できる組織や戦略を検討する必要がある。

● **半導体メーカー**

半導体メーカーは、主に半導体自体の進化が求められる。半導体の用途は、エンジン制御やバッテリー管理などへの使用（In-Car）に加え、サーバープロセッサやサポートインフラストラクチャ（Out-Car）まで多岐にわたる。さらに、これまで以上に大量のデータを高速で処理できる高性能かつ省電力なプロセッサが求められる上に、自動車 OEM の要求に合わせた対応も求められる。

例えば、複数台のカメラから得られる映像データと AI（Artificial

Intelligence、人工知能）を用いて自動運転制御を実現するには、カメラの映像データを処理するための画像認識や深層学習に特化した半導体性能が求められる。

その一方で、光量など周辺条件により適切にデータ取得が行えない可能性があるなどカメラの弱点を問題視し、カメラのみを用いる自動運転の実現に懐疑的な見解もある[1]。そうした自動車 OEM やサプライヤーは、LiDAR（Light Detection and Ranging、レーザーレーダー）やミリ波レーダーを併用する手法を支持しており、その場合には、LiDAR などから得られる大量のデータを処理するため高度な並列処理、データフュージョン能力を持つ半導体が求められる。

どういったセンサーを活用し、どういったレベルの自動運転を実現するかは、今後の技術の進化および市場のユーザーのニーズに合わせて変わっていくものと考えられる。

● OTA サーバー事業者

OTA サーバー事業者は、主に IT インフラおよびデータに関する変革が求められる。SDV では、大量のデータをリアルタイムに効率的に配信していく必要があることから、高速かつ安定した通信環境が不可欠となる。しかし、国や地域により通信インフラの整備事情はまちまちである。通信インフラが不十分な地域では、OTA 更新やリアルタイムデータ処理が難しい場合もあり得るため、車内のローカルなシステムでソフトウェアアップデートをフォローする必要がある。それとともに、SDV が関わるあらゆる場所で、通信状況の格差がなくなるよう、通信インフラの整備および拡張をまんべんなく進めていく必要もある。

こうした課題をクリアした上で、車両のソフトウェアアップデートを支えるクラウドインフラを提供することにより、SDV の真価が発揮できるようになる。

● その他サービス事業者

SDV に参画し得るサービス事業者は、SDV レベルがステップアップするほど多様性が出てくると考えられる。例えば、電力会社、保険会社、金融系企業、カーシェア会社などである（第1章1-2参照）。こうした企業には、主に UX（User eXperience、ユーザー体験）面での変革が求められることになる。

SDV 普及の促進には、カーシェアリングやライドシェアリングなど、新しいモビリティサービスの提供も不可欠である。さらに、自動運転ならではの保険商品や金融商品など、ユーザーのニーズに応じたカスタマイズサービスの提供も加わることにより、SDV 車両の価値を高めていくことにつながる。

将来は、我々の想像が及ばないようなサービスが登場し、それがさらに新たな市場をつくることも考えられる。そうした市場の数だけ、サービス事業者の数も種類も広がっていくことになるだろう。

● 官公庁や業界団体

官公庁や業界団体は、主に法規/認証/国際標準の変革が求められる。SDV の普及に向けた法規制の整備を進め、安全性やプライバシー保護を確保する。また、SDV 関連の研究開発を支援し、技術革新を促進していく必要がある。

加えて、以下のような地域ごとの課題にも取り組まなければなら

図表 4-2-2-2　各プレーヤーの変革要素と地域性

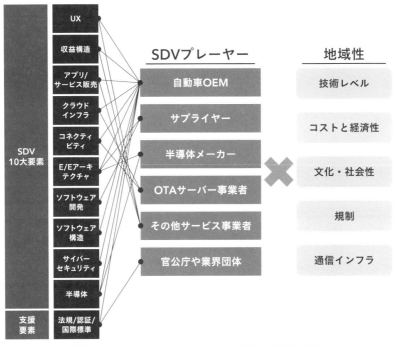

各プレーヤーは地域性を考慮した対応を取ることにより、SDV は進化を遂げる。（出所：PwC）

ない（**図表 4-2-2-2**）。

- 技術レベルの差：地域によって技術力や開発リソースに差があると、SDV の開発や導入に影響を与える。高度な技術を持つ地域では迅速に対応できるが、技術力が不足している地域では導入が遅れる可能性がある。
- コストと経済性：地域ごとの経済状況により、SDV の導入コストや運用コストが異なり、経済的に余裕のある地域では積極的に導入

が進む一方、経済的に厳しい地域ではコストが大きな障壁となる。

・文化的・社会的要因：地域ごとの文化や社会的背景がSDVの受け入れに影響を与える懸念がある。要は、自動運転技術に対する信頼や受容度が異なるため、地域ごとに異なるアプローチが必要となる。

・規制の違い：各国や地域ごとに異なる規制が存在し、SDVの導入や運用に影響を与える。特にデータプライバシーやセキュリティに関する規制は地域ごとに異なるため、グローバル展開を目指す企業にとっては大きな課題となる。従って、各国や地域ごとに異なる規制に対応するため、国際的な協調も求められる。

・通信インフラの整備：高速かつ安定した通信インフラが必要だが、地域によっては整備が遅れている場合がある。特に地方や発展途上国では、5G（第5世代移動通信システム）ネットワークの普及が進んでいないため、OTAアップデートやリアルタイムデータ処理が困難となる。

　こうした課題の解決には、各国や各地域で連携し合う必要がある。SDVは黎明（れいめい）期であるが故、現状では自動運転関連など既存規格を組み合わせて対応しており、SDVを取りまとめるための国際規格や法規制が存在しない。国際規格制定も含めて世界各国が一丸となる取り組みに関して、今の段階から日本がイニシアチブを握ることが重要であり、ひいてはそれが国力の強化と繁栄につながっていくことになるだろう。

参考文献

（1）NIKKEI Mobility、「テスラ、自動運転で孤立　モービルアイがLiDAR内製」、https://www.nikkei.com/prime/mobility/article/DGXZQOUC083GX0Y3A201C2000000

第 **5** 章

SDVと
その未来

日本がグローバルスタンダードになるには

　日本の成長を支えてきた基幹産業である自動車製造業が、今後世界でリーダーシップを発揮していくために重要な存在となるのがSDV（Software Defined Vehicle、ソフトウェア定義車両）である。経済産業省と国土交通省が2024年5月に発表した「モビリティDX戦略」の中でも、SDVは官民連携による取り組みを進めるべき協調領域の一つとして大きく取り上げられている。

　そんなSDVをリードする1社が、ソニーグループとホンダの2社がタッグを組んで誕生したソニー・ホンダモビリティである。同社は2025年1月から、先端AI（Artificial Intelligence、人工知能）とセンサーで自動運転支援を行い、新しいモビリティの在り方を提案する「AFEELA 1」の予約受付を米国カリフォルニア州で開始した。一方、SDVを推進する横連携組織「SDVイニシアチブ」を結成し、産官学連携の橋渡しをしながら、SDVに取り組む国内企業の伴走支援を手がけているのが、PwCコンサルティングである。

　両社で代表を務める、ソニー・ホンダモビリティ代表取締役社長兼COOの川西泉氏と、PwCコンサルティング代表執行役CEOの安井正樹氏が、SDVがもたらす新たな価値や未来、今後の日本の活路について語り合った。（まとめ：小林由美）

● SDVの価値とは……

安井正樹（以下、安井）：SDVは、自動車業界でCASE〔Connected（イ

ンターネットにつながる）、Autonomous（自動運転）、Shared & Services（カーシェアリングとサービス）、Electric（電動化）〕を推し進める中で見えてきた、新たな価値の実現手段であると言えます。これまでの自動車の価値は、販売時点が最大でしたが、SDVでは自動車の「スマートフォン（スマホ）化」が進み、ユーザーは購入後も新たな価値を享受できます。つまり、ソフトウェアをアップデートしていくことで、自動車の価値は継続していくようになります。

　ソニー・ホンダモビリティさんが推進するSDVが目指すのは、どのような姿でしょうか。

川西泉（以下、川西）：我々が実現したい社会や新たなモビリティにおいて、ソフトウェアをベースにしたコンセプトが大事だと考えています。しかし、SDVはあくまで手段であり、目的ではありません。私がソニーの一員として過去に関わってきたロボットやゲーム機の開発もずっとそうした考え方の下でやってきました。

　私自身、自動車とは一人のユーザーとしての関わりしかありませんでした。しかし自動車においてもソフトウェア領域が増えてくると、ソニーとして長年育んできたロボティクスの技術が未来の自動車に生かせるのではないかと考えるようになり、モビリティのプロジェクトを開始しました。

　2020年、我々はソニーグループとして新しいモビリティを追求した「VISION-S」を発表しました。しかし、量産車の開発には自動車メーカーの知見や経験が不可欠でした。またホンダさんもハードウェアとソフトウェアを融合したモビリティを模索していらっしゃいました。

安井 正樹（やすい まさき）氏。PwC コンサルティング合同会社 代表執行役 CEO。大手コンサルティングファームを経て、2014 年 10 月プライスウォーターハウスクーパース株式会社入社。デジタルトランスフォーメーション（DX）の専門家として、製造業を中心とした幅広い業種に対しサービス提供を行う。デジタルを活用したオペレーションの効率化、IT のモダナイゼーションを得意とする。近年はデジタルを活用した新規事業開発を多く手がけ、AI/IoT デジタル化構想、スマートシティ構想、宇宙ビジネスなどの戦略立案から実行までを一貫して支援。公益財団法人 PwC 財団の代表理事を務めた経験を有し、官、民、ソーシャルセクターをつなげた社会課題の解決にも従事する。（写真：山下裕之）

　ソニー・ホンダモビリティは、こうした両社の「我々が実現したい未来を創造するモビリティを生み出したい」という思惑が一致して誕生しました。「今までになかったこと」を創造していく、「よりよい未来を実現する」ということには、相当な覚悟と努力が必要ですが、そういった気概で開発に取り組んでいます。

　そこでは、移動における時間と空間の解放を大事にしたいと常々思っています。「映画を見ながら移動したい」「スマホを見ながら目的地までたどり着きたい」など、自分で運転しない電車などで日常的に行われていることが、自動車でもかなえられると考えています。

ただし、エンターテインメント性を生かしていく前に、SDVでは「ドライバーを運転から解放する」必要があります。つまり、ユーザーがまるで家で過ごすように、好きな格好で、リラックスした体勢で過ごせる空間を提供するために、自動運転の実現がとても重要になります。

安井：なるほど。確かに、従来の自動車づくりは、「運転する喜び」のようなところを追求していくものだったと思います。

川西：はい。運転の楽しみは、これからも残ると思います。ただし、そうではない考え方もあるのではないかと思います。

安井：SDVが進化するにつれ、ハードウェアからソフトウェアへと価値がどんどん移行していくと思います。イノベーションにおいても顧客とのコンタクトにおいても、ソフトウェアが非常に重要になってきます。つまり、企業の競争力の源泉も、ソフトウェアになってくる。それが、SDVの大きな流れですね。

● グローバルな市場動向と、今後のSDV推進の在り方

安井：SDVにおいては、中国系の新興自動車OEM（自動車メーカー）の躍進が目まぐるしい。SDVを取り巻くグローバルな現状や、海外と日本との違いなど、川西さんはどのようにお考えですか。

川西：SDVの市場競争は激しく、変化のスピードも速いです。そうした中で、中国系の新興自動車メーカーのスピード感には目を見張

るものがあり、先端技術を取り入れたモビリティを次々と提案しています。

ただし、新興メーカーなのか従来メーカーなのかという二元論とは限らないと考えています。新興メーカーがリードしている先進的サービスと、従来メーカーが長年積み重ねてきた安心・安全への知見、その両方の掛け合わせが重要だと考えます。そういう観点では、両親会社の強みをソニー・ホンダモビリティとして享受し、AFEELA に反映しています。例えば安全面では、ホンダの知見や技術の上に、ソニーならではのネットワークやセンシング技術が生きています。

このような異業種の組み合わせは中国などでは当たり前になりつつあります。しかし、軌道に乗せるのはそう簡単なことではなく、それぞれの立場をリスペクトしたビジネス文化の融合が課題になると思います。

安井：ソニー・ホンダモビリティさんのような、自動車メーカーとハイテクメーカーの融合は、今後より進みそうですね。

我々のようなコンサルティング会社はチーム制で動いていて、「自動車・製造業」「半導体」「金融」「テクノロジー」などと分けて担当してきました。ただ、組織がサイロ化していたため、異分野の横連携が極めて重要な SDV のコンサルティングには不向きな体制でした。

そこで、2024 年 8 月に PwC コンサルティングでは、社内の複数部門から専門人材を集めた横断組織「SDV イニシアチブ」を立ち上げました。テクノロジー、戦略、決済サービス、半導体、セキュリ

川西 泉（かわにし いずみ）氏。ソニー・ホンダモビリティ株式会社代表取締役社長 兼 COO。1986 年ソニー株式会社入社。以後、「プレイステーション」や「Xperia」などの商品開発に従事し、2014 年、業務執行役員 SVP に就任。17 年より AI ロボティクスビジネスを担当。「aibo」の開発責任者のほか、ソニーのモビリティへの取り組みである「VISION-S」を担当。21 年 6 月にソニーグループ常務、AI ロボティクスビジネス担当に就任。22 年 9 月にソニー・ホンダモビリティ株式会社 代表取締役社長 兼 COO に就任。現在に至る。（写真：山下裕之）

ティ、法規制など、専門に特化したコンサルタントを同じチームに集結させたのです。これにより、SDV に関わる企業（プレーヤー）に対して、ソフトウェア事業企画から、SDV 開発、販売後のソフトウェアアップデート、車両外サービスまで、総合的に支援できる体制になっています。

中でも、決済関係の支援が重要なポイントになると考えています。マネタイズの仕方をどうすべきか、ビジネスモデルはどうあるべきかを考えながら、SDV のプレーヤーが対応できない部分を補完するような伴走支援をしていきたいと思います。

● SDVの未来、どう描く？

安井：私は今、地方暮らしをしていますが、自動車での長距離移動では「移動のストレス」を感じることがあります。年を重ねていくと、その負担がますます大きくなることでしょう。そうした面でも、先ほど川西さんがおっしゃった「運転から解放される」ということには、ユーザーにとって大変価値があると思います。エンターテインメント空間としての価値が加われば、モビリティにおける移動という定義が大きく変わってくる。このことには、私自身、非常に期待しています。将来は、家や部屋を改装するように、居住空間としてのSDVをカスタムしたりアップデートしたりしていくといったことが考えられそうですね。

川西：そうだと思います。コロナ禍で、米国の西海岸の人たちの間ではプライベートな空間が保たれる自動車内でのリモートワークが広まったと聞きました。また、西海岸では自動車通勤の方が多いので、この時間を有効に使うため、会議も、オフィスに到着してからではなく、移動中にリモート参加しているという話もよく聞きます。

安井：SDVが広がり、ユーザーが運転から解放されると、そのような用途が拡張していきそうですね。

でも、それだけではありません。日本における、少子高齢化や働き手不足などに起因する難題を打破することにもつながるのではないかと考えています。例えば、ドライバー不足で運送が滞ってしまう、物流の2024年問題や、公共交通機関が減っている地方での高

齢者の移動の問題、多大な経済損失を生んでいるとされる交通渋滞の問題などです。これらの問題は全て、「移動」という手段に関わる課題です。SDVが普及すれば、こうした課題も解決されていくことでしょう。

　例えば、高齢者が診察を受けに病院へ行きたいときには、SDVが渋滞を避けながら、最も速いルートを使って連れて行く。その際、SDVに搭載されたヘルスケアシステムが、高齢者の血圧や心拍などをリアルタイムで計測し、そのデータを病院側と共有。医療費の支払いも、SDVの決済機能で自動的に行う。こんなことができるようになれば、診察や会計までの待ち時間を減らし、病院側にも患者側にもメリットがあります。

　こうした社会課題の解決に貢献することも、SDVの大きな価値ではないかと考えています。

川西：そういうことをハードウェア中心の設計で解決しようとすると、「専用の自動車」が必要かもしれません。ところがSDVなら、ハードウェアの部分は変えず、ソフトウェアのアップデートで課題や目的に応じて自動車の価値を変えていくことも可能ではないかと思います。我々は、ソフトウェアに求められてくることを予測し、将来的にはこうした課題の解決策を提案するモビリティも模索できればと考えています。

※　2024年4月より、トラックドライバーを含む自動車運転者の時間外労働について年960時間（休日労働含まず）の上限規制などを定めた「自動車運転者の労働時間等の改善のための基準（改善基準告示）」（厚生労働大臣告示）が適用されることで、運送能力の低下や運送業の収益減、人手不足など様々な問題が懸念されている。

● SDVで日本が世界をリードするために

安井：SDVの推進においては、社会課題解決が重要な目的になり、ビジネス構造の変革も伴います。これまでのサプライヤーやディーラーなど、バリューチェーンの在り方も大きく変わってくることでしょう。加えて、新たな法律や規制の制定なども必要になります。PwCコンサルティングでは、政府機関や学術機関とも連携し、産官学の橋渡しができるような活動も重視しています。

川西：PwCさんは、お客様から色々な問い合わせを受けていることでしょうし、間口がすごく広いですよね。我々の共創プログラムでも多彩なクリエーターやパートナー様からお問い合わせをいただき、いくつかの取り組みを始めています。

　新しいモビリティの創造や移動の概念を変えていくには多くの知見や経験が不可欠です。当社はホンダとソニーが一緒になって設立された会社なので、それぞれの産業を経験した人材がいますが、両社以外のフィールドで活躍する多様な方々にも参画いただき、様々なアプリケーションやサービスを一緒につくりながらモビリティとしてのエコシステムを構築していくという考え方で開発に取り組んでいます。

安井：過去には、日本で素晴らしい技術や用途を生み出しても、いつの間にか海外勢によりルールが再定義されてしまい、市場での競争力を落としてしまうといったことがありました。同じ轍を踏まないようにしながら、かつてスマホが新市場を生んだように、日本か

安井氏(左)と川西氏(右)。(写真:山下裕之)

らSDVで新市場を生み出していかなければと思います。

　それには、企業間のアライアンスを加速し、従来のビジネスのやり方を刷新していかなければなりません。これまでの日本は標準化などのルールメークでリードすることを苦手としてきましたが、SDVでは日本がルールメーカーにならなければいけないと思っています。

川西:そうですね。そのようなSDVのエコシステムの中で、「おもてなしの心」のような、細部への気遣いができる日本らしい強みを生かしながら、日本がグローバルスタンダードになれるレベルの技術を開発していきたいですね。例えば自動運転でも、モビリティがユーザーの心を細やかに察して「いい感じ」にもてなしてくれる、

そんな価値をお届けできればと思っています。

安井：ソニー・ホンダモビリティさんが取り組むSDVは、日本の将来を占う上でも重要だと思います。我々のモットーでもあるのですが、日本の良さは、「やさしさが生む、強さがある」こと。この「やさしさ」は、まさに川西さんがおっしゃった、細部への気遣いやおもてなしの心だと思います。それが、SDVにおいて日本が世界をリードしていく一つのカギになるのかもしれません。

おわりに

　本書を最後までお読みいただき、ありがとうございます。「SDV
とは何か」「今後、自社が何をすればよいか」を少しでもイメージ
いただけましたでしょうか。

　実は、かく言う著者らも執筆を通して、「SDVとは何か」を執筆
メンバー間で議論を重ね、理解を深めていったという経緯がありま
す。その理解も、現状においては正しい理解であったとしても数年
後には前提が変わり、「SDVとは何か」を改めて議論する必要があ
ると考えています。

　重要なことは、変化の激しい自動車産業の中で、SDVを通じて、
ユーザーや社会へ提供できる価値は何かを常に思索し続けることで
あると考えています。各社がイノベーションを起こし続けていく中
で、PwC JapanグループのSDVイニシアチブは、多角的な視点で
皆様への支援を継続し、自動車産業の発展に貢献していきたいと
願っています。

　本書は、PwC Japanグループを横断し、SDVに関連した複数部門
による混合チームの知見が集約されています。各部門のメンバー
は、日々、クライアントとともに社会情勢や業界全体の問題から引
き起こされる複雑な経営課題に対峙し、日常的に最新の情報を集積
しており、その積み重ねによって本書が完成したと感じています。
改めて、執筆活動に協力いただいた以下のメンバーに感謝を申し上
げます（五十音順）。

コンサルタント

岡村 周実、奥山 謙、北川 友彦、新家 渉、寺島 克也、中山 裕之、
納富 央、濱田 隆、村田 俊博、矢澤 嘉治、山中 鋭一、
Allen Hongtao Tian、Le Fu

マーケティング、その他

朝倉 夏穂、阪本 歩、古矢 雅美

　最後になりますが、株式会社日経BPの荻原博之氏、宮田善彰氏、平山舞氏、ライターの小林由美氏、元田光一氏には、企画段階での書籍の構成や、執筆活動中における本文の細かな修正、ご助言など、本書の完成に多大なご尽力をいただきましたこと、改めて感謝申し上げます。

SDV イニシアチブ 一同

著者紹介

全体監修

渡邉 伸一郎　ディレクター
（PwCコンサルティング合同会社）

全体監修、1章、2章（1-1、1-2、2-2、2-3）

阿部 健太郎　ディレクター
（PwCコンサルティング合同会社）

全体監修、1章、3章（1-3、1-4、1-5、3-4）

糸田 周平　シニアマネージャー
（PwCコンサルティング合同会社）

1章、2章（1-1、1-2、2-2、2-3）

嶋根 瑞樹　ディレクター
（PwCコンサルティング合同会社）

1章（1-2、1-3）

森脇 崇　シニアマネージャー
（PwCコンサルティング合同会社）

1章（1-2、1-3）

滝 容子　シニアアソシエイト
（PwCコンサルティング合同会社）

2章（2-1）

小倉 啓輔　マネージャー
（PwCコンサルティング合同会社）

2章（2-4）

鈴木 直　ディレクター
（PwCコンサルティング合同会社）

2章（2-5）

川添 健太郎　マネージャー
（PwCコンサルティング合同会社）

2章（2-6、2-9）

落合 勇太　マネージャー
（PwCコンサルティング合同会社）

2章（2-7）

三谷 祐介　シニアアソシエイト
（PwCコンサルティング合同会社）

2章（2-8）

川端 祐樹　シニアアソシエイト
（PwCコンサルティング合同会社）

2章（2-9）

亀井 啓　シニアマネージャー
（PwCコンサルティング合同会社）

2章（2-10）

内村 公彦　パートナー
（PwCコンサルティング合同会社）

2章（2-10）

加藤 貴史　シニアマネージャー
（PwCコンサルティング合同会社）

3章（3-1）

加藤 俊直　パートナー
（PwC Japan有限責任監査法人）

3章（3-1）

鈎 俊行　シニアマネージャー
（PwC Japan有限責任監査法人）

3章、4章（3-2、4-1）

山本 将之　シニアアソシエイト
（PwCコンサルティング合同会社）

3章、4章（3-3、4-2）

西山 早帝　シニアアソシエイト
（PwCコンサルティング合同会社）

著者の所属および役職は 2025 年 3 月現在

PwC Japanグループについて

PwC Japanグループは、日本におけるPwCグローバルネットワークのメンバーファームおよびそれらの関連会社の総称です。各法人は独立した別法人として事業を行っています。

複雑化・多様化する企業の経営課題に対し、PwC Japanグループでは、監査およびブローダーアシュアランスサービス、コンサルティング、ディールアドバイザリー、税務、そして法務における卓越した専門性を結集し、それらを有機的に協働させる体制を整えています。また、公認会計士、税理士、弁護士、その他専門スタッフ約12,700人を擁するプロフェッショナル・サービス・ネットワークとして、クライアントニーズにより的確に対応したサービスの提供に努めています。

SDVイニシアチブ

SDVに対する業界横断課題の解決を目的に、PwC Japanグループ横断で「SDVイニシアチブ」を2024年8月に創設。戦略、新規事業、自動車R&D、スマートモビリティ、クラウド、サイバーセキュリティ、半導体、法規制対応などの専門家からプロジェクトチームを組成し、クライアントを多角的に支援。また、PwCグローバルネットワークの拠点であるドイツや中国などとも連携しサービスを展開。

SDV革命
次世代自動車のロードマップ2040

2025年4月7日　第1版第1刷発行
2025年7月8日　第1版第2刷発行

著　　　者	PwC JapanグループSDVイニシアチブ
発 行 者	浅野祐一
発　　　行	株式会社日経BP
発　　　売	株式会社日経BPマーケティング
	〒105-8308　東京都港区虎ノ門4-3-12
編集協力	小林由美、元田光一
ブックデザイン	山之口正和＋高橋さくら（OKIKATA）
制　　　作	美研プリンティング株式会社
印刷・製本	TOPPANクロレ株式会社

ⓒ 2025 PwC
ISBN978-4-296-20757-2　　Printed in Japan

・本書の無断複写・複製（コピー等）は著作権法上の例外を除き、禁じられています。購入者以
　外の第三者による電子データ化および電子書籍化は、私的使用を含め一切認められておりま
　せん。
・本書籍に関するお問い合わせ、乱丁・落丁などのご連絡は下記にて承ります。
　https://nkbp.jp/booksQA